友達の数は何人？

ダンバー数とつながりの進化心理学

How Many Friends Does One Person Need?
Dunbar's Number and Other Evolutionary Quirks

Robin Dunbar

ロビン・ダンバー
藤井留美 訳

青土社

目次

友達の数は何人？　ダンバー数とつながりの進化心理学

Part I

ヒトとヒトのつながり

第1章　貞節な脳（男と女）

進化は私たち人間にさまざまな能力や特徴をもたらしたが、そのなかでいちばん価値が高いのはまちがいなく脳だ。人間の脳は進化が生みだした最大の創造物と言っていい。ほかの生き物は本能が定めるお決まりの行動しかとれないが、私たちは発達した脳を持っているおかげで、状況にあわせて行動を自在に変えられる。いくつもの選択肢を用意して、それぞれの長所と欠点を考慮したり、実行した場合の影響まで予測したりして、いちばん理にかなった行動を選ぶのだ。こうして人間は野蛮な生き物たちと一線を画し、頭角を現わした――進化の大成功例だ。少なくとも表面的にはそう思える。ただ実際には、脳はあなたが思っているよりずっと複雑で、私たちが望んでいるほど柔軟でもなければ全知全能でもない。私たちの願望とは裏腹に、脳は進化の気まぐれに左右されている部分も多いのである。

浮気好きな種の脳は小さい

人間の脳は大食いで不経済な器官だ。体重のたった二パーセントほどの重さしかないのに、摂取したエネルギーの約二〇パーセントを消費する。大量のエネルギーを使うのだから、それ相応の働きをしてもらいたいものだ。脳が大きく発達したのは、複雑な社会に適応するため——少なくとも霊長類に関してはそう思われていた。ところが最近、スザン・シュルッと私が行なった鳥類などの研究から、新しい可能性が浮上してきた。脳は、一雌一雄関係を保つことにいちばん「頭を使って」いるのではないか。あなたは夫や妻の短所や欠点に苦労させられたことはないだろうか？　もしあなたが、パートナーとの関係を続けるのも楽じゃないと思っていたら、まさにそういうことだ。鳥類でも哺乳類でも、体格のわりに脳が大きい種はまずまちがいなく一雌一雄だ。反対にその他大勢の群れをつくり、乱交にはげむ種は脳が小さい。

さらに鳥類をくわしく見ると、脳の大きさにほんとうにかかわってくるのは一雌一雄関係だということがわかる。それもちょっとやそっとのことでは揺らがない、長続きする関係だ。一雌一雄関係にも二種類あって、ヨーロッパコマドリやシジュウカラなどは繁殖期のたびに相手が新しくなる。そのいっぽうで、フクロウなど獲物を捕まえて食べる鳥や、カラス、オウムなどは一度決めた相手と死ぬまで添いとげる。そして後者の脳は、相手を一年でとりかえる鳥よりはるかに大きい。体格や食性などの生態を考慮しても、この事実は変わらないのだ。

哺乳類になると、一雌一雄関係は全体のわずか五パーセントと少数派に転落する。それでもイヌ、オオカミ、キツネ、レイヨウの仲間は一雌一雄だ。彼らの脳は、大きな社会集団のなかで相手かまわず交尾する種より大きい。

生物学者であれば、脳の大小ぐらいでは驚かないかもしれない。しかし脳を大きくして、さらにそれを維持するにはとてもコストがかかる――身体のなかで脳より高くつくのは心臓と肝臓と腸だけだ。脳は遊び半分で巨大になったわけではない。一雌一雄関係には苦労がつきものだから、脳を大きくしないとこなせないのではないか。シギやチドリ、シカといった群れで生活する動物には無理な芸当なのだ。では決まった相手と添いとげる一雌一雄関係は、具体的にどんな負担を脳に強いているのだろう?

まずひとつ考えられるのは、死ぬまで連れそう関係にはリスクが満載だということだ。生殖能力がない、子育てをさぼる、ほかの異性になびくといった悪条件の相手を選んでしまったら、種全体の遺伝子プールに自分の遺伝子を残すことができない。生物学的に言えば、生きる目的はつまるところ種の遺伝子を残すことだ。だとすれば、ダメそうな相手を見抜くために、コストを投じて脳を大きく発達させるのも納得がいく。そうすればいろんなトラブルを避けることができるし、進化レースで優位に立つことができる。

だが一雌一雄関係にはもうひとつの側面もあって、そちらも同じぐらい重要だ。それはパートナーにあわせて自分の行動を変える能力である。庭にやってきてさえずる小鳥のつがいを例に考えてみよう。相手選びの段階は終わって、メスは卵を産んでいる――きついのはここからだ。巣のなかで卵をあたため、かえったひなに食べ物を与えて大きくしなければならない。つがいのどちらかが一日じゅう外を遊びあるいたりしようものなら、残されたほうは何も食べられずに飢え死にするか、卵を食べて生きのびるしかない。小鳥が生きるためには、自分の体重と同じだけの食べ物を毎日とらないといけないから、これは切実な問題なのだ。つまりパートナーを選ぶなら、あなたが何を必要としているかを理解し、まじめに帰宅して家事を分担してくれる人にしなさいということ。

相手の立場でものを考える――それは脳にとってかなり難易度の高い仕事だろう。私たちも経験上よく知っているが、決まった相手との関係を長年続けることは容易ではない。不和の芽を見つけて早い段階で摘みとるには、また仮に衝突が起こったとしても、関係を修復して良好な状態に戻すには、想像力とまめな行動力が求められる。

妻（夫）のひどい態度に心を痛め、どうして彼女（彼）はそんな仕打ちをするのかと嘆いている人は、自分にこう言いきかせよう。どんな逆境のなかでも最善の結果を出せるのは、進化によって優秀な脳を授かったおかげだと。それに解決策を見いだすのは難しいことではない。庭に舞いおりる小鳥だってやっていることなのだ。

大きな新皮質はメスのおかげ

あなたには父親と母親がいて、それぞれから遺伝子を一セットずつ、計二セットもらっている。一セットだけでも人間ひとりを充分つくれるのだが、実際のあなたは各セットから五〇パーセントしか受けついでいない。そこで鼻は母さん似、あごは父さん似といったぐあいに父母のどちらかの特徴が混ざりあい、ときには世代をひとつ飛びこして、おじいさんのハゲが再現されたりする。こんな風に遺伝の仕組みが解明できたのも、司祭であり科学者でもあったグレゴール・メンデルが、一八五〇年代に行なった地道な研究があればこそだ。メンデルは近代遺伝学の父と呼ばれている。

両親のどちらから特徴を受けつぐかは、行きあたりばったりだと思っている人もいるだろう。確率は二分の一だから、ある特徴を父親から受けついだ人と、母親から受けついだ人はちょうど半々になると。ところがそうではない。母親から、あるいは父親からしか引きつがれない特徴もあるのだ。まるで遺伝子はおのれの出身を承知していて、お呼びでない部分のスイッチを自ら切っているようにも思える(そういう遺伝子は専門用語で「サイレント[沈黙]」遺伝子と呼ばれる)。

だが、これがときどき脳のなかでやっかいの種となる。バリー・ケヴァーンをはじめとするケンブリッジ大学のグループが、ラットの遺伝子欠損の研究を行なったところ、母親由来の染色体を持たないラットは脳の新皮質が完全に発達せず、いっぽう父親由来の染色体を持たないラットは大脳辺縁系が発達しないことがわかった。新皮質と大脳辺縁系が発達するためには、それぞれ母親由来、父親由来の遺伝子が発現しないとだめなのだ。この仕組みを「遺伝子刷りこみ」と呼ぶ。遺伝子刷りこみのメカニズムはまだ完全に解明されていないが、個々の遺伝子は自分が父方か母方なのかわかっているようにも思える。

ダラム大学のロブ・バートンを中心とするグループが、霊長類のさまざまな種を対象に行なった研究はもっとわかりやすい。それによると、脳の新皮質の大きさは集団内のメスの数に比例し、大脳辺縁系（情動反応を起こすところ）の大きさはオスの数に比例するという。集団に多くのメスがいられるのは、メスたちが高度な社会的スキルを持っている証拠だ。新皮質はそうした能力をつかさどるところだから、当然の結果と言えるだろう。いっぽう霊長類におけるオスどうしの関係は、生殖で有利になるための順位争いが基本なので、闘争意欲を生みだす大脳辺縁系が発達するのもうなずける。

おもしろいのは、そのための手段が遺伝子刷りこみだということだ。ほとんどの霊長類の場合、メスが無事に子どもを産んで育てられるかどうかは、ほかのメスの協力で決まる。メスどうしの関係を円滑にするには、複雑な社会のなかで地道な交渉を重ねる必要がある。ケニアのアンボセリ国立公園で、ヒヒ集団の家族史を三〇年以上にわたって観察した研究では、社交上手のメスほど多くの孫や子を残して生涯を終えている。

しかしオスはちがう。社交術よりも大切なのは、ひるむことなく戦えるかどうかだ。むろん「君子危うきに近寄らず」を実践するほうが賢明ではある。名誉ある退却をして生きながらえれば、ふたたび戦う機会も訪れるというものだ。ただし生殖がからむと話は別。争いを避けていては女の子はゲットできない。そこで、あれこれ考えることは一旦停止して、衝動にまかせて争いに身を投じるメカニズムがオスには必要になる。それによってけがをしたり、へたをすると生命を落とすかもしれないが、勝者がすべてをひとりじめするのが決まりである以上、勝たなければ意味がない。新皮質が小さくて、大脳辺縁系が大きい脳というのは、まさにそのためのもの。生きるために戦わねばならないオスは、考えることは後回しでいいのだ。

メスは社交上手でないと生きていけない。だからそうした能力をつかさどる新皮質の支配権を獲得した。いっぽうオスが大脳辺縁系を選んだのは、考えるより前に戦うことが重要だからだ。こうしてオス対メスの進化バトルは、脳の支配領域を分配することで決着した。しかしそうなるまでの過程はまだ謎だし、そもそもこういう話の流れでよかったのかどうか……ということで話題を変えよう。

女の視覚は、男よりカラフル

目も脳の一部だということはご存じだろうか？　目はいわば脳の出先機関として外に露出しており、光に対する感受性を持っている。そのおかげで私たちは、外の世界で起きていることを見ることができる。これは触覚や嗅覚にはできないことだ。事故や高齢で視力をなくした人ならよくわかるが、私たちの生活は視覚頼みだ。なかでも重要なのは、色覚という謎に満ちた感覚である。

私は自信を持って男性諸氏に問いかけたい。外出のしたくが遅い妻にいらいらしたことはないだろうか？　服の色のとりあわせが決まらないというのがその理由だ。でもあなたの目には、しっくりはまっている……だが奥さんの言うとおりかもしれない。男は赤、青、緑という三原色で世界を見ているが（三色視）、女の三分の一は四つの基本色で見ているのだ（四色視）。四色視であれば、緑や赤の微妙な色調を区別できる。さらに五色視も存在するというから、彼女たちはわれわれ男とはまったくちがう世界を見ていることになる。

　生物学の授業では、人間の網膜には二種類の視覚細胞があると教わった。桿体細胞はモノクロ画像しかとらえられず、夜にものを見るときに活躍する。私たちに色を感じさせてくれるのは錐体細胞で、こちらは昼間に使われる。錐体細胞は反応する光の波長によって、三種類に分かれるということも習った。それが赤、青、緑の三原色で、テレビ画面もこの三原色で構成される。三原色の混ざりぐあいが少しずつ変わることで、虹の七色も生まれる。

　さて、三原色のうち赤と緑に反応する錐体細胞は、X染色体上の遺伝子の指令でつくられるが、残る青の錐体細胞の遺伝子は第七染色体上にある。そのため〔赤緑を区別しにくい一般的な〕色覚異常は圧倒的に男性が多い。また、青が見えづらいタイプの色覚異常がほとんどないのも同じ理由による。男が持っているX染色体は母親ゆずりの一本だけなので、もしそこに乗っている遺伝子が不良品だったとしても替えがきかない。しかし女はX染色体を両親から一本ずつもらっているので、何かあったときでも予備がある。

　四色視や五色視もこれで簡単に説明がつく。網膜内の錐体細胞に関係する遺伝子にちょっとした変異があれば、それだけで赤や緑の微妙な色調のちがいを感知できる。男の場合は、一本だけしかないX染色体が色の見えかたを決定するので話は早い。しかし女はX染色体が二本あり、それぞれからつくられる錐体細胞がまったく同じ波長に反応するとはかぎらない。目が発達するときに両方のX染色体が関与すれば、反応する波長が異なる錐体細胞が出現し、三原色の赤、緑、青に加えて別の色調の赤と緑も認識できる五色視が可能になるのだ。

これだけなら何ということはない。女は男より豊かな色彩世界に生きている——それはまことにけっこう、だからどうした？　しかしそうはいかないのだ。カリフォルニア工科大学のマーク・チャンギジーを中心とするグループが、居心地の悪い事実を突きとめた。色の感受性に性差があるのは、人間のみならず霊長類に共通する話らしいのだ。たとえば新世界ザルのメスは三色視だが、オスが認識できるのは二色まで。さらにこれは顔の皮膚の露出面積と関係があるという。皮膚がむきだしになっている部分が多く、血流の変化で顔色がはっきり変わる種は、例外なく三色視ができる。これはもう関係が明白だ。ということは人間の色彩感受性がすぐれているのは、やはり「裸のサル」だから？

さらに傷口に塩を塗りこむような指摘もある。「こんなに遅くまでどこにいたのよ？」と問いつめられ、事実からは少々距離のある答えを返したとき、女はまずまちがいなくそれを見やぶる。この驚異的な能力の背景には、色彩（とくに赤）への強い感受性があるのではないか。つまり相手のほんのちょっとした顔色の変化を察知して、言い訳がウソだと見抜くのだ。そうだとしたら、進化はずいぶん薄情なことをしてくれたものだ。

第2章　ダンバー数（仲間同士）

　ここ数年で社会が大きく変わってきた。政治のせいではなく、フェイスブックやマイスペースといったＳＮＳ（ソーシャル・ネットワーキング・サービス）の登場で社会のありかたが再定義されているためだ。ダーウィンの時代には逆立ちしても想像できなかったことだろう。もっともそのころはすでに切手を貼って投函する新しい郵便制度は誕生していたから、手紙を書く手間を惜しまなければ、遠く離れた相手と交流することも不可能ではなかった。ただそれができるのは、ダーウィン自身も含めてひと握りだけ。ほとんどの人の交友関係は直接会える範囲内に限定されていた。そんな時空の限界を壊したのがＳＮＳなのである。

　ＳＮＳの普及は興味ぶかい現象を生みだした。それは「友達、何人できるかな」競争だ。その数は多少大げさになっている面もあり、マイページの登録者数で計算すれば一万人レベルにもなる。ＳＮＳという小さな世界を駆け足でまわってみると、二つのことが目につく。まず、ほとんどの人は平均的な数の友達しかおらず、二〇〇人以上いる人はほんのひと握りだということ。もうひとつは友達の「中身」だ。友達が二〇〇人以上いる人は、相手のことをほとんど、あるいはまったく知らない。

集団サイズは新皮質の大きさに比例する

ディラン・トマスが書いた戯曲『ミルクウッドの下で』は、ラーレギブ（Llareggub、逆から読むとbuggerallで「皆無」の意味）というウェールズの架空の漁村が舞台だ。村人たちは、閉鎖的で内向きな世界のなかでそれぞれの居場所と役割がある。だがひとりひとりが秘密を抱えていて、それが明るみに出ると、小さな社会はまとまりを失ってしまうのだ。もっともこうした社会のありようは、霊長類共通の伝統だとも言える――個人対個人の関係もひっくるめた複雑で奥が深い社会組織だ。もっとさっぱりした関係を築いているほかの哺乳類や鳥類からすれば、なんとも依存しあっためんどくさい集まりに見えることだろう。そんな霊長類の伝統が生まれたのも、サルたちの脳がほかの動物より大きかったからだ。

なぜ霊長類は脳が大きくなったのか？　その理由には二つの説がある。食べ物探しに明け暮れる日々のなか、周囲の世界を探索し、さまざまな問題を解決するために大きい脳が必要だったというのが、これまでの一般的な見解だった。そしてもうひとつの説は、霊長類の複雑な社会が脳の発達をうながしたというものだ。これは社会的知性説、またの名をマキアヴェリ的知性説と呼ばれ、霊長類にあってほかの動物にないもの——複雑な社会的関係——を前面に押しだしているのが特徴だ。

霊長類社会がほかの動物の社会と大きく異なる点は二つある。第一に、個体どうしの密接な結びつきに頼る部分が大きく、組織がかっちりできあがっている印象が強い。レイヨウや昆虫の集団はどちらかというと組織化されていない「群れ」にすぎないので、出入りも簡単だ。しかし霊長類ではおいそれと集団に参加したり、離脱したりはできない。もちろんゾウやプレーリードッグなど、構造がしっかりした集団をつくる動物もいる。そんな動物と霊長類のちがいが、第二の相違点だ。霊長類は自分の集団について知っていること、覚えたことを駆使しながら、さらに高度な同盟関係を形成していくのである。

社会的知性説の裏づけになっているのは、集団のサイズ（社会の複雑さと言いかえてもいい）と、脳のいちばん外側の層で、意識的な思考を主に担当する新皮質のサイズのあいだに見られる強い相関関係だ。これは人間以外のさまざまな霊長類に当てはまる。それは同時に、ひとり（一頭）が一度に築ける関係には質量ともに上限があることを物語ってもいる。コンピュータの処理能力がメモリとプロセッサの容量で決まるように、刻々と状況が変化する社会の情報を脳がどこまで処理できるかは、新皮質の大きさで決まるのだ。

集団サイズと新皮質の相関関係を進化的に解説するならば、霊長類は大きな集団で生活する必要があり、そのため脳が大きく発達したということになる。動物が大集団で生活する理由はいくつかあるが、やはり敵から身を守るためというのが筆頭だろう。そのことは、集団のサイズが最大で、新皮質も大きいのがヒヒ、マカク、チンパンジーだと聞けばうなずける。いずれも草原や森のはずれなど開けた場所で生活する種類だ。しかも地上ですごす時間が長いため、敵に襲われるリスクがとても高い。

気のおけないつながりは一五〇人まで

人間以外の霊長類では、集団サイズと新皮質の大きさが比例することがわかった。となると最大級の新皮質を持つ人間は、どれほどの集団を形成するのだろう？　サルや類人猿の例から推定すると、その数は約一五〇となる――つまりひとりの人間が関係を結べるのは一五〇人までということで、これを謹んでダンバー数と名づけさせてもらう。だが一五〇という数はほんとうに正しいのだろうか。裏づけはどこにあるのか。

一見すると根拠はなさそうだ。いま自分が住んでいる町だけ考えても、人口が何千、何万とある。ましてや国単位では数百万、数千万人の規模だ。しかしもう少し緻密に考えてみよう。人間以外の霊長類がつくる集団は、全員の顔がわかるような小さいものだった。では人間の場合、たとえばロンドンに住んでいるとして、八〇〇万のロンドン市民を全員知っているかというと、そんなことはない。大多数はおたがいを知らないでこの世に誕生し、成長して、顔も見ないまま世を去るはずだ。それほど巨大な集団が存在することもまた興味ぶかい事実だが、いずれにしてもほかの霊長類が自然につくっていく集団とはまったく別物だ。

人間の「自然な」集団サイズを知るには、いまだに文明化されておらず、とくに狩猟と採集で生活する集団に着目するのがよさそうだ。狩猟・採集社会はさまざまなレベルで複雑に機能する。食べ物を集めるために泊りがけで移動するときは、三〇〜五〇人程度の小さい集団が形成される。この集団は不安定で、途中で人の出入りもある。反対にいちばん大きい集団は部族ということになるだろう。部族とはすなわち同じ言葉を使う言語集団でもあるので、文化的なアイデンティティでまとまっている要素が大きい。部族の規模は、老若男女あわせて五〇〇〜二五〇〇人といったところ。小集団と部族集団の二層構造は、人類学の世界では常識だが、そのあいだに第三の集団がある。こちらもたびたび論じられるが、具体的な規模が語られることはほとんどない。第三の集団は「氏族（クラン）」というくくりになって、成人儀式など定期的な儀式のときに重要な役割を果たすこともあれば、狩猟場や水源を共有する集団として扱われることもある。

くわしい人口調査が行なわれた約二〇の部族社会では、氏族や村といった集団の平均人数は一五三人であることがわかった。細かく見ると一〇〇〜二三〇人まで幅があるが、統計的には一五〇人という平均の範囲におさまる。

では技術が発達し、文明化が進んだ社会はどうだろう？　ここでも一五〇という数は社会単位として適当だろうか？　その答えはイエス。ちょっと観察すれば、このサイズの集団はごろごろ転がっていることに気がつくだろう。私と研究仲間のラッセル・ヒルはいろんな人に頼んで、毎年クリスマスカードを発送する相手をリストアップしてもらった。結果は平均六八人だったが、相手の家族まで入れると一五〇人前後と考えてよい。

ビジネスの世界でもこの数はおなじみだ。ビジネス組織論では一九五〇年代からよく言われてきたことだが、組織の規模が一五〇人ぐらいまでなら、ひとりひとりの顔がきちんとわかるレベルで仕事が回る。それ以上になったら、序列構造を導入しないと仕事の効率は落ちる。分かれ目は一五〇〜二〇〇人で、それを超えるとさぼりや病欠がぐっと増えるのである。

ハイテク素材ゴアテックスの製造・販売を行なってきたビル・ゴアは、世界で最も成功した企業経営者のひとりだ。ゴアテックスの生産量を増やすとき、彼は既存の製造設備を拡大するのではなく、工場を新設する道を選んだ。どれも従業員一五〇人程度の工場だ。それがゴアの成功の秘訣だったのではないかと私はにらんでいる。工場の規模をそこまでに抑えることで、組織内に序列関係を導入したり、管理部門をつくったりする手間を省いているのだ。個人どうしの関係が中心になるため、おたがいへの義務感が生まれ、従業員どうしは競いあうのではなく協力するようになる。

軍隊の編成にもこのルールが生きている。近代的な軍隊では、最小の独立部隊は中隊だ。中隊はふつう戦闘小隊三個と司令部、支援部隊で構成され、ひとつの戦闘小隊は三〇〜四〇人の兵士が所属するから、中隊の人数は合わせて一三〇〜一五〇人となる。共和国時代の古代ローマ軍も、基本部隊である歩兵中隊はおよそ一三〇人編成だった。

学問の世界も同じこと。サセックス大学教育学部のトニー・ビーチャーが理系・文系の一二分野を対象に調べたところ、研究者どうしが注目しあえるのは、一〇〇～二〇〇人の規模であることがわかった。研究者の数がそれより多くなると、その学問分野はいくつかの領域に分裂する傾向にあるという。

伝統的な社会では、村の大きさがちょうどこのぐらいだった。新石器時代の紀元前六〇〇〇年ごろに中東にあった村々は、住居跡から察するに住民が一二〇～一五〇人ぐらいだった。一〇八六年、征服王ウィリアムの時代につくられた土地台帳「ドゥームズデー・ブック」によると、イングランドの村は住民が一五〇人前後というのがふつうだったようだ。時代が下って一八世紀になっても、イングランドの村はどの州でも平均一六〇人ぐらいだった（唯一の例外はケント州で、村人の数は一〇〇人ぽっち……これは何を意味するのだろう?）。

アメリカ、南北ダコタ州のフッター派やペンシルヴェニア州のアーミッシュというと、厳しい宗教戒律にもとづいた独自の共同体を形成し、農業に従事している人びとだ。彼らの共同体の構成員は平均一一〇人。人数が一五〇人を超えると、共同体を二つに分けてしまう。構成員どうしの社会的圧力だけでは、行動をコントロールできないからというのがその理由だ。共同体をまとめているのは仲間に対する義務感と相互依存だが、一五〇人より大きい集団ではそれが効力を失ってしまう。しかし彼らは序列をつけたり、政治力を発揮したりすることをよしとせず、むしろ共同体を分割する道を選ぶのだ。

ダンバー数を別の表現で定義してみよう。午前三時の香港国際空港、乗りつぎラウンジ。ストップオーバーでいったん降機した乗客たちがふたたび搭乗するのを待っている。ここであなたが「やあ、また会いましたね」とためらいなくあいさつできる人の数、それがダンバー数だ。おたがい何の目的でここにいるかわかっているから自己紹介の必要なんてないし、そういう状況ではしらんぷりを決めこむより、声をかけるのが礼儀だろう。それにもうひと押しお願いすれば、五ドル貸してくれるかも。

メンタライジング

ひとりひとりをきちんと認識できるのは、一五〇人前後の集団まで。このことは、私たちの記憶容量と関係があるのだろうか（顔や名前を覚えられるのは一五〇人までとか、一五〇人より多くなると相手との関係がこんがらがるとか）。それとももっと微妙な問題で、関係の質と情報がからんでいるのだろうか。おそらく後者だと思われるが、その根拠を二つ挙げてみよう。

まずひとつは、地位が高いオスほどたくさんのメスと交尾できるという、霊長類には当たり前すぎるぐらい当たり前のルールから出発する。社会的知性説をうしろだてにすれば、新皮質が大きい種ほどこのルールが通用しないことになる。優秀な頭脳を駆使して、強い者が支配するという単純な戦略の裏をかけるからだ。サルや類人猿のデータを見ると、まさにそれが当たっていることがわかる。大きい新皮質を持つ種では、地位の低いオスが上位のオスの目をうまく逃れてまんまと交尾するのである。そのために彼らは巧妙な社会的戦略を駆使する――ほかのオスと連合を組んだり、メスに好かれる努力をして、序列の影響力を薄めるのだ。

二つ目の根拠は、セントアンドルーズ大学のディック・バーンが行なった分析だ。バーンは同僚のアンディ・ホワイテンとともに霊長類研究の文献をくまなく調べ、「戦術的欺き」の例を集めまくった。戦術的欺きとは、目的を果たすために動物がほかの動物を利用する行為のことで、新皮質が大きい種によく見られる。

戦術的欺きの典型的な例はこうだ。マントヒヒは、オス一頭につきメスが一〜五頭というハーレム的な家族をつくり、さらにそうした家族が一〇〜一五個でひとつの群れになっている。家長のオスは独占欲が強く、メスがほかのオスのそばに行くことは許さない。メスが自分の目の届かないところに行ったり、ましてや自分とメスのあいだにほかのオスが来ようものなら、メスを懲らしめる。ところがスイスの動物学者ハンス・クマーが観察した例では、家族みんなで食事をしているとき、メスが二〇分かけて少しずつ位置を変え、大きな岩陰に入りこんだ。そこには近隣の群れからやってきた若いオスがいて、メスはさっそく彼の毛づくろい(グルーミング)を開始した。メスはそのあいだずっと、数メートル先にいる家長のオスから見えるように岩の上から頭を出していたという。

このメスのふるまいを厳格な行動主義者が解釈すると、家長の視界からはずれると痛い目にあうことを学習しているメスが、そうならないように選択した行動ということになる。あるいは認識的な側面からもう少しゆるい解釈をするならば、彼女はこんなことを考えていたのかもしれない。「岩から頭さえのぞかせておけば、私が岩陰でおとなしくしてるとあのおっさんは信じるはず。だから何やっても大丈夫よ」。メスはオスの心理をうまく操作しているのだ。

私自身は、二番目の解釈が成りたつほどメスの行動が精緻なものとは思えない（ただ動物の行動や認知を専門にする研究者たちのあいだでは、この手の解釈が盛んに行なわれているのも事実）。どちらの解釈が正しいかどうかはともかく、こうした行動がサルや類人猿にめずらしくないことは事実だし、霊長類以外の動物ではほとんど報告されていないのもたしかだ。動物認知（および人間発達認知）の研究では、マントヒヒのメスが見せたような行動は「メンタライジング」と呼ばれている――たんに相手の表面的な行動に対応するのではなく、相手の心理状態まで理解することだ。ほかの動物は行動のルールを学習するだけだが、サルと類人猿は行動の背景にある心理状態を、少なくとも断片的には理解できるとされている。

となると大切なのは、関係の多い少ないではなく中身ではないか。この章で明らかになった集団サイズというのは、複雑な関係を維持できる上限という意味なのだ。名前と顔が一致するとか、AさんとBさんがどういう関係で、二人が自分とどうつながっているかといった知識はもちろんだが、それだけにとどまらない。AさんBさんに用事があるとき、そうした知識をどう活用して人間関係を動かすかというレベルまで含まれるのである。

霊長類には社会性がある。これは進化の歴史のなかでも画期的なことだった。その社会性ゆえに霊長類は栄えてきたし、もちろん人間も大きな成功をおさめてきた。霊長類はほかの動物にくらべて社会的なやりとりの頻度が多く、密度も濃い。そしてこの性質をさらに高いレベルにまで引きあげたのが人間なのである。

ネットワークは〝三の倍数〟で増える

ノアが箱舟で逃げだすとき、あらゆる動物を二頭一組で乗せたという。子孫を残すためだが、社会的な観点で考えるならもう一頭加えるべきだった。最近発表されたいくつかの研究は、そんなメッセージを投げかける。つまり社会的ネットワークは、三の倍数で構成されているということだ。

当たり前のことだが、友人と知人の区別は、こちらが相手をどう思っているかで決まる。いっしょに時間をすごしたいと思うのが友人で、都合が良いからたまたまいっしょにいるのが知人だが、私たちは実際の場面ではもっと微妙な分類をしている。ひとりの人間が交友関係を持てるのは一五〇人前後だが、付きあいかたのパターンを細かく見ると、親密度の同心円が描けることがわかる。中心にいちばん近い円に入るのは三〜五人。彼らは親友のなかでもとびきりの存在で、何かあったときにはすぐ駆けつけて助言をしたり、なぐさめたり、場合によっては金を貸してやったりもするだろう。そのすぐ外側の円には約一〇人が入り、さらにその外は三〇人ほどの大きな円になる。

この数にはさほどの規則性がなさそうだが、内側の円に入る数もすべて足していくと、おおむね×3になっている（五→一五→五〇→一五〇）。それだけではない。一五〇よりもさらに外側に、約五〇〇人と約一五〇〇人の同心円もできるのだ。古代ギリシャの哲学者プラトンに至っては、民主主義を実践できる理想のサイズは五三〇〇人だと言ってもうひとつ同心円を増やした（三〇〇人はおまけ）。

こうした同心円が実生活にぴったり当てはまるのか、またなぜ三の倍数で増えていくのかはわからない。しかし社会心理学で言われる「シンパシー・グループ」はちょうど一二〜一五人だ。シンパシー・グループとは、この世からとつぜん消えたらあなたが途方にくれ、正気でいられなくなる親しい人たちのことだ。おもしろいことに、ほとんどの団体競技は一チームの人数がこれぐらいだ。陪審もそうだし、キリストの使徒も同様……例をあげればきりがない。また五〇人の集団というと、オーストラリアのアボリジニやアフリカ南部のサン人（ブッシュマン）が移動するときの平均的な規模だ。そして全員が同じ言語もしくは方言を話すという定義にもとづけば、狩猟・採集民族はだいたい一五〇〇人前後の規模になる。

交友関係の同心円は、人づきあいの頻度と距離感にそのまま対応している。中心にいちばん近い円に入る五人とは、最低でも週一回は連絡をとりあう仲だろう。ひとつ外側の円になると月一回で、いちばん外側の一五〇人は年一回やりとりするぐらいか。それは私たちが相手に感じる親密さをそのまま反映している。いちばん内側の五人にくらべると、そのすぐ外にいる一〇人とは少しだけさめた関係だ。さらに外側の同心円に移るにつれて、心理的な距離はどんどん開いていく。

一定の親密さでつきあえる人数には上限があるのだろう。だからいちばん中心の円に新しい人が入ってきたら、ほかの誰かがひとつ外の円に押しだされる。あともうひとつ興味ぶかいのは、どの同心円にも親族がけっこういるということだ。もちろん親族だからといって、全員を入れる必要があるわけではない。虫の好かないやつだっているだろう。だがやはり「血は水より濃い」。ほかの条件が同じなら、いざというときは血がつながっているほうを手助けしたくなるのが人情というものだ。

第3章　親類や縁者の力（血縁）

この世はすべてコミュニティしだい。その点に関しては、人類は霊長類の流れを正しく汲んでいる。社会性、それもかなり濃密な社会性は、サルや類人猿のトレードマークであり、彼らが――そして私たちが――進化の勝者にのしあがれた大きな要因でもある。共同体意識の核になるのが血縁関係だ。血縁関係は社会生活に深く根をおろし、ときに自分たちでも気づかない形で社会の骨組みをつくっている。それは昔ながらのこじんまりした社会だけでなく、現代社会でも同じだ。

共同体意識

スコットランド北東部のマリーに住んでいた私の祖父は、あるとき家族を捨てて東へと旅だった。一九〇〇年ごろのことだ。たどりついたのはヒマラヤ山脈のふもと、インド北部の広大な平原にある何もない町、カーンプル（当時は英語風にカウンポールと呼ばれていた）。結局祖父は死ぬまでその地にとどまり、一度もスコットランドに戻ることはなかった――それでも故郷への思いは持ちつづけていて、とくにサケとウイスキーで知られるスペイ川河口の村、キングストンに自分の祖父が建てた小さな別荘をなつかしがっていた。

スコットランド北東部で代々暮らしてきた私の一族のなかで、国を出たのはこの祖父ひとりだけだ（唯一の例外は祖父の祖父で、この人はスペインに一年ほど滞在したあと、ワーテルローで軍隊に入ってナポレオンと戦った）。私はつねづね、どうして祖父はその気になったのか疑問に思っていたが、二年前に偶然その答えがわかった。それはとても単純な話で、母方のいとこが祖父に先立つこと数年前にかの地に移り、地元の石材会社に職をあっせんしてくれたからだった。

しかしここでまた疑問が湧く。そのいとこは、どうして遠いインドの地に行くことになったのか？　この疑問は、エルギン綿紡績工場といういとこの勤め先が解決の糸口になった。カーンプルにはほかにも、ミュアー・ミル、カウンポール綿紡績工場、スチュワート馬具一式製作所などがあった。これらは名前から推察するに、スコットランド北東部出身者が所有し、経営していたものと思われる。一九世紀後半のインド大反乱（訳注――イギリスの植民地支配に対する民族的反抗運動）を鎮圧するためにやってきた彼らは、さまざまな理由でカーンプルに腰を落ちつけ、工業化のはじまりにささやかながら貢献したのである。

さて本題はここからだ。工場経営者たちは人手が足りなくなると、かならず故国にいる自分と同じコミュニティの出身者を採用した。そういう人間のほうが信用できるからで、その信用のもとになるのが共同体意識、つまり自分たちは相互依存する小さな社会ネットワークに属している、という感覚である。遠く離れた土地とはいえ、共同体のルールにはずれるようなことをしたら、たちまち噂が風に乗って故郷に届いたはずだ。怖いおばあちゃんの小さくて鋭い目は時空を超えてにらみをきかせていたのだ。そうでなくても血縁関係と共同体意識には充分な重みがあるので、それに逆らってまで行動する者はめったにいない。

スコットランド移民の歴史をひもとくと、このパターンは何度となく見ることができる。独立戦争前のアメリカでスコットランド人がプリンストン大学を創設したときも、学長はいまのように公募せず、エディンバラ出身の人物をトップにすえた。

身内びいきはスコットランド移民の歴史のなかで大きな役割を果たしていて、それがもたらした利益ははかりしれない。一八〜一九世紀にかけて、イギリス諸島から海外に出た移民集団のなかでスコットランド人が飛びぬけて成功したのも、ひとえに身内びいきのおかげと言える。大英帝国に関する決定はロンドンで下されていたとはいえ、この国は実質的にスコットランド帝国と呼んでもさしつかえなかった。行政や警察はもちろん、伝道活動、教育、地質調査、医療、看護、交易、輸送を仕切っていたのは圧倒的にスコットランド人だったからだ。イングランド人、ウェールズ人、アイルランド人より、スコットランド人が上昇志向が強いとか、高い給料に惹かれたというわけではない。むしろ故郷の共同体意識に強く縛られていたせいで、団結が強くなり、効率的に仕事ができたと考えるのが正解だろう。それに加えて教育システムも充実していた。

その後、私の祖父は、北インドのアメリカ長老派教会伝道所に勤めた。反英的な雇い主は露骨に嫌がったが、それでも祖父はブリティッシュ・クラブに通いつづけた。現地に駐屯している連隊のスコットランド人将校と交流したいがためである。祖父は絶対禁酒主義を死ぬまで貫いた人なので、酒目当てではなかったことは強調しておこう。スコットランド的な雰囲気にひたり、同郷人と語らいながら一夕をすごしたかっただけだ。

スコットランド人の社交クラブ好きは年季が入っている。一七世紀後半に大量のスコットランド人が移り住んだことで、ロンドンに社交クラブやその関連組織がたくさん誕生した。一七五〇年代には早くもハイランド・ソサエティが創設されている。スコットランドからの移住者を支援し、スコットランドの文化、服装、音楽、言語を守ることが目的である――彼らのいう言語とは、もちろんゲール語のことだ。一九世紀末になると、ロンドンにはスコットランド関係の協会、組合、クラブが三〇以上もできていた。アーガイルシャー協会、ロンドンマリークラブなど、スコットランドの州単位で設立されたものが中心で、いずれも地元のコミュニティの関係維持が目的であり、互助会的な役割も果たしていた。

コミュニティとはひとことで言えば、全身に血液を送りだす心臓だ。軽んじると生命の危機さえ招きかねない。伝統的な社会でコミュニティが効果的に機能していたのは、ほとんど血縁者で構成されていたというのも理由のひとつだ。『白鯨』のように甲板のない小型船でクジラ漁をするイヌイットたちは、血縁優先を明言してはばからない。漁の最中に凍てつく北極海に誰か放りだされても、近しい親族でなければ救助しない。へたをすると自分の生命も危うくなるからだ。

家族といっしょのほうが健康

だが現代社会では、そこまで徹底した血縁意識はもはや失われている。昔ながらの小さい社会では、血縁意識がすみずみまで行きわたっていた。コミュニティに属する者はみんな親族なのだ。外からやってきたよそ者、たとえば調査で訪れた人類学者が仲間の一員として認められることもあるが、それは仮想の親族関係をこしらえているだけ。そうではなく、コミュニティの構成員は複雑にからみあった血縁の網でみんなつながっている。

コミュニティに新しく加わった者は、やがてほかの構成員と結婚し、子どもをもうけることで血縁の網にからめとられる（独身主義の人類学者は別として）。血縁かどうかを決めるのは、共通の祖先の有無ではない。むしろ未来の世代に対して共通の利害を持っているかどうかだ。義理の関係にあたる相手を親族と見なすのも、遺伝的な利害が同じだと考えれば納得がいく。彼らが残す子どもは、自分たちの子孫にもなるからだ。

血縁関係の重みを如実に物語る事件が、西部開拓熱とゴールドラッシュに沸いていた一九世紀なかばのアメリカで起こった。一八四六年五月、ドナー隊と呼ばれる開拓移民団が、新天地カリフォルニアへの最後の旅程をこなすべく、ワイオミング州リトルサンディ川を出発した。イリノイ州スプリングフィールドを旅だってから、すでに一か月以上がすぎていた。のっけから仲間割れが起きたり、まちがった道を教えられたり、ネイティブ・アメリカンの襲撃を受けたりと不運続きだったが、女子どもを含む総勢八七名はようやくシエラネヴァダ山脈までやってきた。しかし予定を大幅に遅れたために、山越えの前に冬が到来してしまった。雪におおわれた険しい岩山が彼らの行く手をはばむ。

果敢にも前進したドナー隊だが、雪嵐に巻きこまれて立ち往生してしまう。ここがどこかもわからないが（現在はドナー峠と名前がついている）、ともかく春を待つしかなかった。ただ、もっと早くに山越えするつもりだったから、越冬の準備はまったくしていない。食料はたちまち底を尽き、ついには人肉を食べはじめる者もいた。翌年の二月から三月にかけて、カリフォルニアからの救助隊が次々と到着するころには、八七名中四一名が死亡していた。興味ぶかいのは死者と生存者の色わけだ。生きのこったのは家族連れがほとんどで、死んだのは単独での参加者ばかりだった。家族といっしょだったよぼよぼのおばあちゃんは無事だったのに、ひとり旅だった頑健な若者は生きのびることができなかったのだ。旅は道連れ、なのである。

アメリカには同様の話がもうひとつ伝わっている。一六二〇年、メイフラワー号でアメリカに到着したピルグリム・ファーザーズだが、ニューイングランドの冬は予想以上に厳しかった。栄養失調、病気、物資不足にたたられ、最初の冬で一〇三名のうち五三名が死んでしまった。寛大なネイティブ・アメリカンたちが手を差しのべなかったら、全滅していたにちがいない。そしてここでも生命を落としたのはひとり者で、家族連れは死亡率が低かったのである。

たしかに家族ならばおたがい助けあえるが、それだけの話ではない。血縁どうしにはもっと心強い何かがあるようなのだ。家族がいっしょならば、元気が湧いてくるような気になる——どんなにいがみあっていてもだ。そばにいるのがただの友人では、こういうことは起こらない。それを裏づけるのが、幼少期の罹患率と死亡率を調べた二つの研究だ。ひとつは一九五〇年代にイギリスのニューカッスルで、もうひとつは八〇年代にカリブ海のドミニカで行なわれた。どちらの調査でも、子どもが病気にかかったり、死亡した数は、血縁ネットワークの規模とぴったり比例していた。つまり大家族の子どもほど病気にかかりにくく、死ぬことも少ないのである。家族がたくさんいればあれこれ面倒を見てもらえるのはたしかだが、それだけではない。血縁による相互の結びつきのなかにいると、強い安心感と満足感が得られるので、運命の波にさらされても乗りこえていけるのだ。

方言は共同体の会員証

血縁感覚がいかに強いかということは、名前のつけかたからもわかる。スコットランドではつい一世紀ほど前まで、ゲール人伝統の命名ルールが広く採用されていた。それは、長男は父方祖父の名前をもらい、次男は父親の名前を、三男は父親の兄弟の名前をもらうというものだ。娘の場合は上から母方の祖母、母親、母親の姉妹の名前をもらう。その伝統にしたがうなら、私はジョージ・ダンバーになっていたはずだ。一七九〇年生まれのひいひいおじいさん以来五番目のジョージである。しかしこれ以上ジョージが増えるのはごめんだと思った母が抵抗して、いまの名前になった。

そもそもなぜ名づけにこんなルールがあるのか？

同じ名前にすることが同族のあかし、というのはすぐに思いつく。さらに言うなら、名前よりも姓が同じであるほうが血縁関係は明白だ。名前が同じでも、ベイカーさんとスミスさんは残念ながら親戚ではないことになる。ゲール語の姓は変化形が多いこともあって、共通の祖先かどうかははっきりわかる。それぞれの氏族は出身地と深く結びついていて、規模はそれほど大きくない。ダンバーはエディンバラからまっすぐ東に行った先にある港町で、そこにある城は中世のころ一族の本拠地であったわけだが、ダンバー姓は数世紀前からマリー地方にしかなく、ほかの地域でお目にかかることはまずない。

姓だけでなく名のほうでも、ある程度の関係性を匂わせることができる。たとえば、誰かにちなんだ名前を子どもにつけることはよく行なわれる。自分の名前がついたと思えば、当然その子への関心が高くなるし、その後もずっと気にかけてくれるかもしれない。ドイツでは、赤ん坊が生まれると代父や代母を立てる伝統があって、代父母ひとりにつきひとつの洗礼名が赤ん坊につく。代父母の役目は、子どもを教会の日曜学校にきちんと通わせることだけではない。子どもが成人してからも、社会のなかで後ろ盾になることが求められる。ギーセン大学の歴史人口学者エッカート・ヴォラントが、ドイツ北西部クルムホルン地方の教区登録簿を調べた研究がある。それによると生後一年を無事に生きのびた赤ん坊は、そうでない赤ん坊より多くの洗礼名を持つ傾向があった。洗礼名が与えられるのは生後八日目だから、両親はその時点でわが子の行く末をある程度わかっていたと思われる。長く生きられそうにない子どもには、代父母を立てる手間をかけなかったのだ。

こうした間接的な親族関係はいまだに健在だろう。そのことを具体的にたしかめるために、カナダのマクマスター大学で進化心理学者たちが最近ある研究を行なった。彼らはアメリカ合衆国の人口調査記録からイギリス風のよくある姓名とめずらしい姓名を選びだした。そしてホットメール・アカウントをもとに、それらの姓名を持つ三〇〇〇人に、地元スポーツチームのマスコットに関する電子メールを送り、返信の有無を調べた。返信率がいちばん低かったのは、発信者と受信者が姓も名も異なるパターンで、わずか二パーセントだった。反対に差出人を同姓同名にして送ると、メールの返信率は一二パーセントにはねあがった。姓が同じ場合は六パーセント、名が同じ場合は四パーセントである。ただしこれはありふれた姓名のときで、めずらしい姓名になると結果が大きく変わる。同姓同名の発信者から届いたメールに二七パーセントが返信し、同姓だけでも返信率は一三パーセントになった。返信メールの三分の一は偶然の一致について触れていて、家族のルーツについてたずねる人も多かった。

私自身、この研究結果のまんまの行動をとる。自分と同じダンバー姓の人がいたら、たちまち興味をかきたてられるが、マクドナルド姓――スコットランドにはよくある――だとそれほどでもない。曾祖母がマクドナルド姓だった関係で、わが一族のミドルネームではおなじみなのだが。

共通の祖先から枝わかれした血縁関係は、人間のみならず動物でも大きな意味を持つ。進化生物学の世界では早くからそのことは知られていたが、それを明確に定式化したのが「ハミルトンの法則」だ。現代進化生物学の重要な出発点となったこの法則は、理論生物学者W・D・ハミルトンがまだ博士課程にいた一九六〇年代に発見した。共通の祖先に由来する遺伝子をたくさん共有する個体どうしは、遺伝的な利害関係が強い。だからほかの条件がすべて同じなら、血縁が近い者どうしは利他的な行動をとる可能性が高い。まさに「血は水よりも濃い」のである。この法則はヒトからオタマジャクシまで幅広い動物の観察や実験で裏づけられている。

私たちの名づけのパターンもこの法則にのっとっている。というより血縁に対する敏感さは尋常ならざるものがあり、名前が同じというだけで、実際は赤の他人なのにご縁があるような気がしてくるほどだ。

一族のつながりを示すのは名前だけではない。方言もそうだろう。しかし考えてみると、方言は奇妙なものだ。そもそもなぜ言語が発達したかというと、意思疎通を図り、共同作業を円滑に進めるためだ。ところが言語というやつは、あっというまに細分化が進行して、部外者には理解できない方言が次々と生まれる――それが一〇〇〇年単位ではなく、ほんの数世代のうちに起こるのだ。というより、「世代とは言葉づかいが同じ集団である」と定義してもいいくらいだ。コミュニケーションを可能にするために誕生したはずの言語に、相互理解をさまたげる性質が備わっているとは、いったいどういうことなのか?

その答えはこうだ。方言は生まれた土地を証明するたしかなしるしなのである。イギリスでは一九七〇年代に入っても、話す言葉だけで出身地を半径五〇キロの精度で特定できた。方言は幼いときに身につくもので、大きくなってからはおいそれと習得できない。だからこそ生まれ育った共同体と、そこに属する血縁者を知る強力な手がかりとなる。方言はいわば共同体の会員証のようなもの。それをもとに、いざというとき誰に頼れるか、誰に義理があるかを判断する。私の研究室にいたジェイミー・ギルディは、無作為に電話をかけて、相手に作業(電話ですむ)への協力を依頼する実験を行なった。ジェイミーはラナーク出身だが、電話を受けた相手が同じラナークなまりの場合、明らかに異なるなまり(グラスゴーとかイングランド北部とか)のときより協力的だった。やはり私の学生だったダニエル・ネトルは、方言の変化が速い共同体ほど、社会的な責務を無視していいとこどりをするのが難しいことを確認している。

第4章　ご先祖さまという亡霊（民族）

あなたの過去は遺伝子のなかにある——当たり前すぎておもしろくも何ともない表現だが、これまで歴史書をいくらめくってもわからなかった私たちの過去が、現代遺伝学の研究で明らかになりつつある。染色体のDNAはいわば個人の歴史そのもので、家系をどこまでもさかのぼることができる。遺伝子は両親から半分ずつもらうものだが、なかには父親、もしくは母親からしか受けつがない遺伝子がある。Y染色体は父親から息子にしか渡されないので、男系の流れでとぎれることなく続いてきている。反対にミトコンドリア遺伝子は母親からしか受けつがない。ミトコンドリアは細胞内の活動にエネルギーを供給する発電所のような役割を果たしている。もとは自由に動きまわる細菌だったと考えられているが、動物の細胞、しかも細胞核ではなくそれを包む細胞質に住みつくようになった（染色体は細胞核のなかにある）。こうしてミトコンドリアは、卵子内にあるものだけが引きつがれることになったのだ。それゆえミトコンドリアを手がかりに、母系をさかのぼることができる。

チンギス・ハーンの末裔？

あなたの姓がハーンだとすれば、すべてのハーンのなかで最も偉大な人物の末裔である可能性が高い。その人物とは一三世紀はじめにモンゴル帝国を興し、タシケントやパキスタン北部も含めて中央アジアを制覇したチンギス・ハーンだ。姓がハーンでないあなたも気を落とさなくていい。あなたもチンギス・ハーンの子孫である可能性が少なくないことが、現代遺伝学で証明されている。Y染色体遺伝子をくわしく調べたところ、いま生きている男性のうち実に〇・五パーセントは、モンゴル帝国の偉大な将軍かその兄弟の血筋を受けついでいることがわかったのだ。もしあなたの祖先が中央アジアの出身ならば、子孫である確率は八・五パーセントに上昇する。

これは日本から黒海沿岸まで、中央アジア全域で二〇〇〇人以上の男性のDNAを解析してわかったことだ。対象者の大多数は、Y染色体のDNA配列（ハプロタイプという）に大きなばらつきがあったのだが、二〇〇人だけは配列の特徴がとてもよく似ていて、なかには完全に一致する者もいた。その二〇〇人のハプロタイプは全部で一八種類ほど。六〇種類前後のほかのハプロタイプとは明らかに一線を画していて、特異な集団（クラスター）を形成していた。

さらに興味ぶかい事実が明らかになる。これらのハプロタイプの持ち主の分布を調べると、断然多いのはいまのモンゴルだ。さらに集中度が高い場所が中央アジア全域に飛び地のように点在していた。ほかのハプロタイプは、それぞれ本拠地がひとつに定まっていた。

なぜこのように特定の系統が共有され、しかも地理的に広く分布したのか。進化論的には三通りの説明が考えられる。第一の説明は、ただの偶然というもの。偶然だから当事者にはとくに利益も不利益もない。そして遺伝的浮動と呼ばれるプロセスで、徐々に広い範囲に散らばっていったのだろう。第二の説明は、遺伝子に圧倒的に有利な強みがあったため、淘汰を勝ちぬいたというもの。そして第三の説明は性淘汰。これらのハプロタイプを持つ男性たちは、とりわけ優秀な子孫を数多く残したというのだ。

第一の説明がありえないことはちょっと考えればすぐわかる。どんなに控えめに見積もったとしても、これだけの分布の偏りが偶然だけでできる確率は一億分の一にも満たない。第二の説明も説得力に欠ける。Y染色体はとても小さくて、受精卵の性別を男に決めるうえで必要な遺伝子ぐらいしか入っていないからだ（これについては後述）。残るは第三の説明だが、ここで歴史が助っ人となって、裏づけになる情報を提供してくれる。それはチンギス・ハーンが打ちたてたモンゴル帝国だ。

第三の説明を完成させるのは、ジグソーパズルの二つのピースだ。まず、これら特異なハプロタイプは例外なくモンゴル帝国の支配下にあった地域から見つかり、そうでない地域では皆無だった。ピースその二は、ハプロタイプが出現した時代が問題になる。私たちの身体をつくるたんぱく質は、遺伝子が持つ暗号の指令で生成されるのだが、実はその暗号がうまく機能していない遺伝子がほとんどを占める。そうした遺伝子はジャンク遺伝子とかニュートラル遺伝子と呼ばれていて、行きあたりばったりの変異でしか変化が起こらないので、時計がわりに使うことができる。二人の人間のジャンク遺伝子を突きあわせ、一致しない遺伝子の数を変異の頻度で割り算すれば、その二人がいつ共通の祖先から枝わかれしたか推測できるのだ。特異なクラスターに属する一八種類ほどのハプロタイプで計算したところ、八六〇年前という結果が出た。チンギス・ハーンが生まれたのは一一六〇年、いまから八五〇年前である。つながりを疑うには充分な近さだ、とシャーロック・ホームズなら言っただろう。しかもおもしろいことに、問題のハプロタイプを出現させた変異は、チンギス・ハーン自身ではなくもうひとつ上の世代に由来する——つまりチンギス・ハーンの父親イェスゲイである。

イェスゲイの息子テムジンが、ばらばらだったモンゴルの諸部族をまとめあげ、チンギス・ハーンを名乗って帝国を開いたのは一二〇六年のこと。ハーンとは支配者、帝王の意味だ。チンギス・ハーンは強大な軍隊を武器に、たちまち中国北部の二つの国を征服した。西方では現在のカザフスタンを通って黒海にまで到達し、人類史上最大の版図を獲得する。チンギス・ハーンの軍勢は規模では不利なことが多かったが、百戦錬磨の兵士たちは行く手を阻む敵を徹底的に叩きつぶした。

チンギス・ハーン本人は「敗走する敵を追い、その富を奪い、彼らの大切な人びとが涙にかきくれるのを眺め、妻や娘たちをこの手に抱くのが最大の喜びだ」と語っていたという。それをやってのけたハーンとその兄弟たちは、現代遺伝学の視点から見ると、まことに優秀な遺伝子の持ち主だった。

言語と遺伝子のネットワーク

スコットランドの独立をうたった一三二〇年のアーブロース宣言には、「大スキタイから旅だったスコットランド人は……たどりついた西の土地にいまも暮らす」とある。ところでスキタイ人とは何者だろう？　スキタイ人は紀元前八〇〇年ごろにモンゴル西端に出現して大いに栄えた遊牧騎馬民族である。アラル海近くの現在のウズベキスタン、カフカース南部のグルジアへと勢力を広げ、ウクライナを経由して東ヨーロッパへも侵入した。

スコットランド人はこのスキタイ人の子孫なのか？　おそらくそうではない。アーブロース宣言はローマ教皇に宛てたもので、スコットランド人がイングランドの民だったことは一度もなく、したがってイングランド王エドワード二世に支配される義理はないということを教皇に訴えたかっただけだ。どちらかというとこじつけなわけだが、とはいえこの表現は当たらずといえども遠からずだ――宣言の起草者は知る由もないが。

私たちヨーロッパ人の起源をたどると、紀元前三〇〇〇年ごろロシア南部の大草原から世界各地に拡大していったインド・ヨーロッパ語族になる。スキタイ人は時代がもっと下ってから出現したもので、しかも勢力範囲はいまのウクライナが中心だった。インド・ヨーロッパ語族の大量移入から二〇〇〇年のうちに、それまでのヨーロッパ住民はすっかり駆逐されたことが最新の遺伝子解析でわかっている。今日ヨーロッパで使われている言語は、ほんのひと握りの例外をのぞいて、すべてインド・ヨーロッパ語族の言葉に端を発しているのだ。

インド・ヨーロッパ語族の大流入に耐えしのび、民族的なアイデンティティ——もしくは遺伝子——を無傷のまま保ちつづけたのはバスク人だけかもしれない。急峻なピレネー山脈を住まいとするバスク人は、はるかふもとで次々と起こる侵略や征服に不安を抱いていたことだろう。しかし彼ら自身は険しい地形に守られて、ヨーロッパの様相を変える激動とは無縁でいられた。

言語学者と遺伝学者が出してくる証拠をあわせると、そういうことになる。バスク語が特異な言語であることは昔から知られていた。ヨーロッパのほかの言語はたいていがインド・ヨーロッパ語族の仲間だが、そのどれとも関連がなく、どの言葉とも似ていないからだ（インド・ヨーロッパ語族に属さない数少ない例外として、フィンランド語とハンガリー語がある。どちらもモンゴル人の侵略を受けたことで、言語的にも影響を受けた。とくにハンガリーのほうは、フン族の支配者アッティラとの結びつきが強い）。インド・ヨーロッパ語族は、西はゲール語にはじまり、現代ヨーロッパのほぼ全言語はもちろん、イランとアフガニスタンで使われているペルシア語とパシュトー語、サンスクリット語とウルドゥー語およびその流れを引くインド北部の諸言語、そして東はバングラデシュで使われるベンガル語まで擁する一大語族だ。これらの言葉が近いことは日常的な単語を見るとよくわかる。たとえば「兄弟」を意味する単語はサンスクリット語で bhrater、ゲール語は brāthair、英語で brother。微妙なちがいはあるものの、少し前まで祖先が共通だったことが明らかだ。ちなみに東アフリカのスワヒリ語では、兄弟は kaka になる。

しかしバスク語はヨーロッパ言語の例外だ。バスク語の「兄弟」が anaia であることからわかるように、インド・ヨーロッパ語族のどれとも共通点がない。言語としては完全に仲間はずれなのだ。もっとも一部の言語学者は、ロシア南部の草原地帯にいまもかろうじて残る言語群とつながりがあり、したがってデネ・コーカサス超語族なるものに属すると主張している。この語族の「デネ」というのは、ネイティブ・アメリカンのナ・デネ語族のことで、太平洋岸から五大湖に至るカナダとアメリカ合衆国の国境地帯で話されている。インド・ヨーロッパ語族とデネ・コーカサス超語族の結びつきをたどるには、かなり長い時間をさかのぼらなければならない。

この興味ぶかい学説に、遺伝学が新たな手がかりを与えてくれた。バスク人は遺伝子的にもヨーロッパでは孤立していて、ほかの民族とほとんどつながりがないのだが、一部の遺伝子複合体は初期ケルト人と共通しているという（これもインド・ヨーロッパ語族が拡大した結果なのだが）。たとえば血液型がRhマイナスの人の割合は、現代インド・ヨーロッパ語族では二パーセント、アフリカ系アメリカ人で四〜八パーセントだ。ところがバスク人は三五パーセントと高く、コーカサス人も一五パーセント前後になる。そこでバスク人は、インド・ヨーロッパ語族がやってくる前にヨーロッパに住んでいた民族の名残ではないかとも言われている。スペイン北部とフランス南部に残る、三万～一万二〇〇〇年前の洞窟壁画の作者が、バスク人の祖先だという主張もあるほどだ。

国境線や移民をめぐる問題があちこちで起きている昨今、バスク人がヨーロッパ先住民であるという意見もとりあえず拝聴するべきなのかもしれない。だがもしそうだとして、彼らがヨーロッパ大陸は自分たちのものだと主張したらどうなるのか？　おまえたちはロシア南部の草原に帰れと（丁重に）言われたら？

失われた民族の痕跡

大規模な人口移動が起こるときは、その波にのまれて消滅したり、故郷を追われたりする不運な民族がかならず出てくる。インド・ヨーロッパ語族がはるか東方から押しよせてきたヨーロッパ大陸も同様だった。西へ西へと追われた民族は、バスク人のように孤立した地域でかろうじて存続していると思われる。それを裏づけるように、インド・ヨーロッパ語族の遺伝子の特徴は、大陸の東から西に行くにつれて薄まっていく。時代はもっとあとになるが、北アメリカやオーストラリアでも同じことが起こった。先住民は社会的・経済的に少数派となり、小さなコミュニティで孤立している。いずれはそのコミュニティも消失するかもしれない。

もっとも交易や軍事侵略で人口が流入するようなときは、事情が変わってくる。先住民のコミュニティが全滅するようなことはないが、それでも新しく入った者たちが何らかの痕跡を残す。商人や兵士の大多数は男だから、そうした痕跡がいちばん顕著に現われるのはY染色体だ。

過去の痕跡を強く意識している人たちもたくさんいる。たとえばパキスタン北部に暮らすブルショー族、カラーシャ族、パターン族は、紀元前三二六年にアレクサンドロス大王がこの地に侵入したときのマケドニア軍兵士の末裔だと信じている。パキスタンはアレクサンドロスが大遠征で到達した東端にあたる。マケドニア軍は侵略先で略奪や陵辱の限りを尽くした。しかもアレクサンドロスが三二歳の若さで急死したこともあって、大王はもとより兵士たちがパキスタンに長居をしたとも思えない。もし彼らが、ただの名前以上の痕跡を刻みつけたのだとしたらたいしたものだ。ところがパターン族の男性一〇〇〇人を対象に行なった最近の遺伝子解析で、おもしろいことがわかった。現代ギリシャ人およびマケドニア人にのみ相当数見られる遺伝子があるのだが、パターン族にもそれを持っている者が少数ながらいたのだ。かすかではあるが、まぎれもなく痕跡は存在している。伝承もあながちバカにできない。

いっぽう軍事力ではなく交易で世界に打って出たのがフェニキア人だった。紀元前一五〇〇〜三三〇〇年までのおよそ一〇〇〇年間、現在のレバノンとシリア西部にあたるフェニキアを出航したガレー船は、地中海を縦横に行きかっていた。ところが紀元前の時代が終わりに近づき、ローマ人が台頭しはじめたころには、フェニキア人は姿を消していた。彼らについては、聖書を含む当時の記録に登場することと、アルファベットのもとになる文字を考案したこと以外はほとんどわかっていない。カナン＝フェニキア文字は現在使われている各種アルファベットの直接の祖先である。

フェニキア人は地中海全域でひたすら植民都市の建設に励み、遠くイギリス諸島まで到達したとも言われている。

そして最近、地中海全域にわたって男性のY染色体をくわしく分析したところ、フェニキア人の遺伝子系統らしき部分が見つかった。そこは染色体のなかで具体的な機能を持たないが、突然変異率が高い。そのため地域的な血統の特徴を持つようになった。フェニキア人の交易拠点だったところ（クレタ島、マルタ島、サルディーニャ島、シチリア島西部、スペイン南部、チュニジア沿岸）と、フェニキア人が活動した記録がない場所、またのちにギリシャの植民地になった場所を比較することで、フェニキア人起源と呼んでもよいY染色体のハプロタイプを特定できた。念のため紹介すると、J2、PSC1+、PCS2+、PCS3+である。もしあなたがこのうちひとつでも持っていたら、パパはフェニキア人ということになる。

女たちを返せ？

二〇〇七年はイギリスで奴隷貿易が廃止されてから二〇〇年という節目の年で、そのせいもあって、奴隷制がニュースで取りあげられることも多かった。奴隷制がなくなったのはつい二〇〇年前だが、その歴史がとても古いという事実は見すごされがちだ。ほかならぬイギリス諸島でも、ローマに支配されていたころは奴隷目的による住民の強制移住が行なわれていた。スコットランドではそれほどでもなかったが、ケルト人は少なからぬ数がイングランドからローマに移住させられた。

ローマ帝国の最盛期、イタリア半島の住民の四分の一〜三分の一は奴隷だったと言われている。帝国の経済活動は、世界各地から連れてこられた奴隷の労働力に依存しきっていたのだ。

ローマ人が去ったあとも、島々の住民の運命は好転しなかった。ローマ軍があわただしくイギリス諸島を後にしたのは四一〇年だが、それから二世紀ほどのあいだにアングル人、サクソン人、フリジア人、ジュート人が北海から入れかわり立ちかわりやってきては、ローマ軍の庇護を失ったローマ・ブリトン人やケルト人を苦しめたのだ。

イギリス南部住民の遺伝子構成を調べると、ウェルシュ（Welsh）・マーチズからイースト・アングリアに移るにつれて、ケルト系遺伝子は少なくなり、反対にアングロ・サクソン系遺伝子が増えてくる。南東部になると、住民のY染色体は大陸のアングロ・サクソン起源が五〇パーセントを占めるほどだ。ところが女性の遺伝子になるとそうでもない。ユニヴァーシティ・カレッジ・ロンドンでマーク・ジョブリングの研究グループは、少数のアングロ・サクソン人が、地元ケルトの男たちを差しおいて多くのケルト人女性をめとっていた可能性があると指摘している。その謎を解くヒントは歴史にある。「ウェルシュ（Welsh）」という単語は「ウェールズ人の」という意味だが、これはアングロ・サクソン語の「wealasc」に由来する。「異邦人」や「奴隷」といった意味だが、侵略者であるアングロ・サクソン人からすればたいしたちがいはない。当然のことながら、支配される側のwealascはアングロ・サクソン人と同等の権利は与えられない。このアパルトヘイトが社会的にも法的にも解消されるまで、実に五〇〇年の歳月がかかった。

スコットランドとアイルランドは、ローマ人やアングロ・サクソン人からそれほど迷惑はこうむらなかったが、それでも外からの干渉と無縁ではいられなかった。その事実が明らかになったのは、一〇〇〇年近くも時を経て遺伝学が進歩し、歴史的に孤立してきたはずのアイスランド人の遺伝子に研究者が注目してからだ。Y染色体はノルウェーなどスカンディナヴィアの順当な系統だったが、女性の遺伝子は何と五〇パーセントがケルト起源だったのである。いったいどこから来たのだろう？

答えはスコットランドとアイルランド。新天地アイスランドをめざす男たちが途中で立ちより、女をさらっていったと思われる。アイスランドまでの航海は危険が大きいし、火山島での暮らしは困難が目に見えていたから、スカンディナヴィアの女たちは二の足を踏んだにちがいない。

こんな事実を知るにつけ、いろいろ興味が湧いてくる。スコットランドやアイルランドから、女たちを返せという要求はないのだろうか？　アイスランドといえば、金融危機で大打撃を受けた記憶も新しい。住みよい国とは言えないものの、それでも荒涼たるイギリス諸島に戻るよりはましなのか。ケルト系のアイスランド女性たちが、帰還と補償を求める可能性はないのか――でもいったい誰に？

三〇世代も時を経たいま、彼女たちは遺伝子的にも社会的にも現代アイスランドに完全に融けこんでいる。いまさら補償うんぬんを論じても意味がない。そもそもアイスランド女性はケルトのハーフだと声高に主張すると、残り半分のスカンディナヴィアの血統は立場がないではないか。ということで、彼女たちはこれからもアイスランドで生きていくだろう。

ところでローマ帝国の時代、イングランドからはるかイタリアに連れていかれた奴隷たちはその後どうなったのか？　彼らは社会のなかで低い階層にとどまっていたかもしれないが、ここまで長い時間を経てしまうともう関係ない。いまやみんなイタリア人である。歴史とか祖先とかいったものは探究するにはおもしろいが、苦悩とか罪悪感の種になってしまっては本末転倒。大切なのは未来であり、そのなかで自分がどんな位置を占めるかなのである。

P a r t II

つながりを生むもの

第5章　親密さの素（触れ合い・笑い・音楽）

人間というのは神経質な生き物で、触れられるのを好まない。いや、言いかたを変えよう。私たちがいやなのは、誰かれかまわずさわられることだ。なぜかというと、触覚ほど親密な感覚はほかにないから。たった一度の触れあいは千の言葉より雄弁だ。どんなに言葉を尽くすよりも、相手の意図や本心が伝わってくる。言葉は気まぐれだし、乱用に走る恐れもあるし、裏の意味が込められていることもあれば、真っ赤なウソもある。思ってもみないことを口走ることも多い。それにくらべると親密な接触は、二人のコミュニケーションを新しい次元へといざなってくれる。そこは言葉など入りこめない感覚と感情の世界だ。

やさしくさわって

寄りそう、なでる、よしよしする、とんとんする――親密な触れあいもいろいろある。こうした行為は、サルや類人猿が多くの時間を割く毛づくろいと共通点が多い。毛づくろいはノミをとるためと世間では思われているが、実はそうではない。たしかに一日歩きまわって毛についたごみや葉っぱ、虫をとってはいるが、仲良しどうしのマッサージというのが真相だ。皮膚を指先で刺激すると、脳内にエンドルフィンが放出される。エンドルフィンは内因性オピオイドの一種で、モルヒネやアヘンと化学的な構造がとてもよく似ている。いわば脳が自前でつくる鎮痛剤であり、さほど強くないが慢性的な痛みのときに作用する。鋭く強い痛みは、高速と低速の二つの神経回路で対処するのだが、鈍い痛み――一般にジョギングなどの習慣的な運動や、精神的なストレスから来る――はエンドルフィンが関与するのだ。朝起きてジョギングをしたとき、首のうしろに熱いシャワーを当てたときにリラックスして幸せな気分になるのはそのためである。毎日ジョギングを続けていると、走っても何となくすっきりせず、なぜか怒りっぽくなる日があるだろう。それは脳がエンドルフィン切れを起こしているのだ。

サルや類人猿もそうだが、触れあいは人間にとっても大切だ。親しく感じる相手には、手で触れたい、なでたいという強い欲求が湧きあがって止めることはできない。親しくなれた相手に最初にしたくなることが触れあいだ。手を握る、腕を身体にまわすといったしぐさには、特別な親密さがこもっている。そのいっぽうで、温かな思いやりや親しさが入っていないときは露骨にそれとわかる。

触れあいは昔もいまも、私たちが思っている以上に社会生活で大きな役割を果たしている。言葉で意識的かつ能動的に考えるのとはちがって、もっと深い感情レベルで受けとめるからだろう。いまさわられたことが何を意味するのか、私たちは言葉にはできなくても正確に了解している。それは本能というか直感というか、遠い祖先から受けついで精神の深い底部にひそむ原始的な何かだ。それゆえ進化面では後発組の言語中枢とは関係が薄い。むしろ情動的な右脳と強く結びついている。

触れあうことの重要さがふだん過小評価されているのは、きっとそのせいもあるだろう。ただ無理からぬ面もある。情動的な右脳が前面に出てしまうと、ちょっと身体が触れただけで刺激を受けてしまい、セックスになだれこむということになりかねない。とくべつ興味のない相手と一度キスしただけでも、情動の全システムが全開になって次の段階に突入する。いや、そんなつもりはなかったんだけど……。

それもあるから、私たちは見ずしらずの人とか、あまり親しくない人との密着を避けようとするのだろう。身体的な接触がきっかけで、冷静なときならぜったい敬遠するような事態に陥らないともかぎらない。とつぜんの感情に翻弄される危険をわかっているから、あえて一歩下がって距離をとるのだ。

信頼を育む化学物質

あなたは毎朝車で職場に向かうとき、ほかの車も交通規則を遵守するはずだと信じている。左側通行を守るし、うしろからあおってきたりはしないと。私たちは、日常生活が信用で成りたっていることを当たり前だと思っている。日常生活どころか、社会そのもののなかで、信用はとても大きな位置を占める。たとえばアムステルダムにある世界最大規模のダイヤモンド市場。ここではすべてがいわゆる「紳士協定」で動く。何百万ポンドというダイヤモンドの品質保証も支払いも、握手ひとつで決まるのだ。もちろん裏をかくようなやつは、脚を折られたり、頭に袋をかぶせられた紳士になったりするわけだが、数十人規模のきわめて小さい閉鎖的なコミュニティでは信用第一なのだ。取引はこのコミュニティに属する者どうしでのみ行なわれる。そうでない者は……商品を見せてもらうことすらできないだろう。

私たちの生活のあらゆる場面に、信用は深く根をおろしている。その根底にあるのは、ある種の互恵主義だというのがこれまで暗黙の前提だった——ぼくの背中をかいてくれたら、きみの背中をかいてあげるということだ。しかし最近では、信用がひとつの化学物質を軸に論じられるようになっている。その化学物質とはオキシトシンだ。スイス、チューリヒ大学の経済学者のグループが最近行なった実験では、オキシトシンを鼻からかぐことで、他者を信じて報酬を分けあおうという意欲が高まったという。

この実験は投資ゲームの形で行なわれた。一定金額のお金を受けとった「投資家」は、その全額ないし一部を「受託者」に預けることができる。もちろん一銭も預けなくてもいい。その金が二倍に増えたら、今度は受託者が投資家に全額ないし一部を戻してもいいが、すべて自分のものにすることもできる。投資家は丸損するリスクがあるわけだ。全額投資して増えた金を山分けすれば、投資家・受託者双方がいちばん儲かるやりかただが、ほとんどの投資家は全額を注ぎこむことはしない。リスク回避のためだ。

この実験でオキシトシンを投与されたグループは、偽薬のグループより投資額が一七パーセントも多くなった。なぜこれが「信用問題」かというと、受託者を人間ではなくコンピュータに代えて（それでも受託者が全額フトコロに入れるリスクは同じ）実験してみると、投資額はオキシトシンと偽薬のグループで差が出なかったからだ。投資家の判断には、ただリスクだけでなく、人間の行動をどうとらえるかも関係してくるのである。

この実験結果が興味ぶかいのは、オキシトシンが社会的なさまざまな場面で重要な役割を果たしているからだ。たとえばセックスの最中と終わったあと。脳内ではオキシトシンが大量に分泌され、深い充足感と愛着を生みだす。ハタネズミは種類によって単婚型と乱婚型に分けられるが、単婚型のほうがオキシトシン感受性が高い。ラットの巣づくりや母性行動、ヒツジの母子の結びつきなども、背後でオキシトシンが働いている。

こうした化学物質は、動物の行動を直接コントロールするというより、周囲に何らかの変化が起きたとき、神経ネットワークが反応できる環境を整えるのが役目だ。その例としてよく知られているのが、「逃走／闘争」反応で、こちらはエピネフリン（別名アドレナリン）というホルモンが関わっている。このホルモンが分泌されると、身体は行動を起こす準備態勢に入る。だが実際にどういう行動をとるか（逃げるか戦うか）は、本人が状況を見て判断する。

チューリヒ大学の実験でも、オキシトシン投与を受けた投資家でも、投資額が極端に低い人たちがいた。これには二つの補足的な要素が働いていると思われる。ひとつはオキシトシン感受性の個人差。たとえば女性は男性より感受性が強いし、同じ女性でもばらつきがある。もうひとつは、受託者の誠実さに対する感受性の個人差だ。

笑いの進化

ロンドンで開かれた経営コンサルタントのイベントに参加したことがある。ビジネスや政府関係のさまざまな分野から六〇名ほどが出席していた。クロワッサンとコーヒーの朝食をすませたあと、別室に案内された。円形に配置された椅子に全員が着席する。それから五分間は沈黙が続いた。これから何が起こるのか？　当惑を隠せない出席者たちは、しだいにいらいらを募らせた。

ようやくまとめ役のひとりが立ちあがって、「私が強く思うのは……［ぐだぐだ］」と話しはじめた。ひとりがしゃべり終えると、また数分間の沈黙ののち、別のまとめ役が話しだす。出席者たちの神経はいらだつばかりだった。とりわけ居心地が悪そうだったのが、すぐ近くの官庁街から来たと思われる、高級スーツ姿の二人の初老の男性だった。国家行政の仕事をさしおいて、なんだってこんな催しに参加してしまったんだ……二人の表情からはそんな本心が見てとれた。

やがて参加者もぽつぽつと口を開いて、おのれの信念のようなものを語りはじめる。そしてある人が立ちあがって言った。「私が確信するのは、いったいどうなってるんだと全員が思っているということです」。部屋は大爆笑になり、雰囲気ががらりと変わった。固い氷に亀裂が入ったのだ。その瞬間から、赤の他人の集まりは兄弟どうしになった（もちろん姉妹もいた）。

笑い、とりわけ共有される笑いには、連帯感を生みだす驚異的な力がある。笑うことで緊張がほぐれるが、それだけではない。お笑いのライブに行ってみればよくわかる。涙が出るほど大笑いするうちに、心が軽くなり、気分が高揚し、居心地がよくなってくる。ぜんぜん知らない隣の人とも会話がはずみ、思いきりプライベートなことをちらりと打ちあけたりもする。劇場に着いた直後には想像もできなかっただろう。

そんなときは他人に寛容になれる。ケント大学のマルク・ファン・ヴュットのチームは、被験者にあらかじめ金を持たせておき、それを別の人に分けさせるという実験を行なった。ふつうなら赤の他人よりも、自分の友人に多くの金を提供するのだが、コメディのビデオをいっしょに見て大笑いしたあとは、ちがいがなくなった。笑いには他人を友人に変える魔力があるのだろうか。

いや、それは魔力ではない。エンドルフィンの分泌をうながすのにいちばん効果的なのは、笑うことなのだ。ただしそれは腹の底から湧きあがる大笑いであって、T・S・エリオットの詩に出てくるような、紅茶茶碗を涼やかに響かせる控えめで礼儀正しい笑いではない。なぜエンドルフィンが放出されるかというと、大笑いするときは筋肉をたくさん使って胸郭をふくらませるからだろう。それを証明するために、私と同僚は痛覚閾値をエンドルフィン放出のものさしにして実験を行なった。被験者に退屈な観光案内ビデオと、爆笑コメディのビデオを見せて、その前後の痛覚閾値を測定したのだ。エンドルフィンは体内の痛覚制御システムに一枚噛んでいるので、もし笑いがエンドルフィン放出の引き金になるのであれば、笑ったあとは痛覚閾値が大幅に上がるはずだ。はたして結果はその通りになった。爆笑コメディを見た被験者は、痛覚閾値が高くなって痛みが楽になったのである。観光案内を見た被験者は変化なしだった。

笑いというのはとても古い特性ではないだろうか。笑いはヒトとチンパンジーが共有する行動だ。ただし心理学者ロバート・プロヴァインが言うように、笑いかたは少々異なる。チンパンジーの笑いは「アーハーアーハー」という呼気と吸気の単純な繰りかえしだが、ヒトは呼気の連続で「ハッハハッハッハ」と勢いがつく。ちがいはあと二つある。ヒトは誰かといっしょに笑うが、チンパンジーの笑いは単独だ。笑いが見られるのは社会的な状況、とくに遊びがはじまりそうなときやその最中だが、それでも仲間といっしょに笑うことはない。さらに私たちは、言葉を使って笑いを誘発する（要するにジョークだ）。ちょっとしたジョークの入らない会話なんて、砂を噛むように味気ない。

ただこれは言語が出現したあとの話。最初のほう――笑いの社会的な性質は――まちがいなくもっと古く、おそらく一〇〇万年ほど前の原人のころに進化したと思われる。最初はただいっしょに声を出すだけで、もちろん言葉はなかった。そのねらいは、全員で同じようにエンドルフィンを出すことだったろう。毛づくろいの目的もそこにある。私たちの祖先もまた、仲間どうし仲良くするために毛づくろいをしていた。そしてもっと絆を深めるためのてこ入れ手段として、チンパンジーのような単独の笑いから社会的な笑いが発展したのではないかと私は考える。

もっともエンドルフィンを放出させる方法は笑いだけではない。

ヒトが音楽好きな理由

遠くから聞こえてきた音楽にふとなつかしさを覚え、曲名を思いだした瞬間、忘れかけていたさまざまな感情が押しよせてくる……そんな経験はないだろうか。私の場合それはバディ・ホリーの歌であり、ブランデンブルク協奏曲のあるフレーズであり、バグパイプ・バンドの響きだ。でも音楽がこれほど心を動かすのはなぜ?

意外に思われるかもしれないが、音楽はつい最近まで現代科学の継子的分野だった。あまりに平凡すぎて、真の科学者がわざわざ取りくむに値しないとされてきたのだ——心理学者スティーヴン・ピンカーは「音楽は進化のチーズケーキ」と切りすてた。適応の副産物で生まれたにすぎないということだ。だが進化生物学者が繰りかえし指摘するように、ひとつの種がこれほど時間を費やし、金も(!)投じてきたことが、ただの副産物であるはずがない。ほかの動物が同じぐらい時間と労力をかけるのは、たいてい生物の根本にかかわる重要なことだ。

音楽は異性を惹きつけるためという説は、ほかならぬダーウィンが唱えはじめたものだ。鳥たちの美しいさえずりと同じである。なるほど私たちが音楽を鑑賞するとき、独創的な作曲の才能とか、ずばぬけた演奏技術に感嘆するのもそのせいにほかならない。複雑で目のまわるような音符を指や舌で軽々と演奏できる人は、明らかに優秀な遺伝子の持ち主であり、子孫を残すに値するだろう。説得力のある主張だ。

ダーウィンがおよそ一四〇年前の著書『人間の由来と性淘汰』で指摘したように、性淘汰は進化の強力な推進力だ。ほんの些細な特質が、性淘汰の網にかかったが最後、どこまでも強調されていく。それが行きすぎて持ち主自身に害が及んだり、生命の危険さえ招くこともあるのだ。たとえばクジャクの尾羽。オスの尾羽は大きく発達しすぎて身軽に飛べないし、目立つから敵に襲われやすい。見返りは生殖の成功率だ。「ボクを見て見て！　ボクはとても優秀だから、これだけハンディがあっても敵を撃退できるよ！」——オスの気持ちを代弁するならこうなるだろう。目玉模様があざやかできれいな尾羽を持つオスほど、メスを惹きつけることができる。クジャクをはじめとして、動物界にはこんな例がたくさんあり、くわしく研究もされている。

人間の場合は音楽が尾羽がわりだという説にも、裏づけはたくさんある。人気アーティストはセックス・アピールばつぐんだが、証拠はそれだけではない。進化心理学者ジェフリー・ミラーがジャズとポピュラーのミュージシャン、それにクラシックの作曲家で調べたところ、生殖可能な年齢のあいだがいちばん多作であることがわかった。またヴィヴァルディの献身的な努力も忘れてはならない。彼はピエタ慈善院で親のいない少女たちにヴァイオリンを教え、自らが指揮をして演奏会を開いていた。彼女たちの多くはそこで見初められ、金持ちの男性のもとに嫁ぐことができた。

私の学生のひとりコスタス・カスカティスは、ミラー説をもっと厳密に検証するため、ベートーヴェンからマーラーに至る一九世紀ヨーロッパの作曲家と、一九六〇年代ヴィンテージ・ロックのスターを対象に創作活動の変遷を調べた。新曲を書くペースは結婚と同時にがっくり落ちるが、離婚や死別をして次のパートナー探しをはじめると、とたんに上がる。そして新しい人といっしょになると……またペースが落ちるのだ。

まあそういうものかもしれない。けれども別の可能性もある。音楽の起源は社会的な絆づくりにあるのではないか。音楽は感情をかきたてる。その力は無遠慮で原始的ですらある。兵士を団結させ、戦友意識を育てるには歌がいちばん効果的であることは、新兵を鍛える鬼軍曹ならみんな知っている。

脳スキャン技術を活用した最近の研究でも、音楽は右脳最前部にある原始的な領域を強く刺激することがわかっている。大ざっぱに説明すると、左脳は意識的なプロセス——とくに言語による認識・推理——で活発になるのに対し、右脳は原始的な情動が引きおこす無意識の行動をつかさどっている。

別の研究によると、音楽はエンドルフィン放出の引き金にもなっているという。エンドルフィンは幸福感、満足感と深く関わっている物質であり、こうした感覚は社会的な結びつきのプロセスでも重要な役割を果たしている。となると歌や踊りを通じて帰属意識や集団意識を呼びおこし、コミュニティの団結を保つという図式は容易に想像がつく。アイルランドやスコットランドでは、昔から「ケイリー」と呼ばれる歌と踊りの夕べが行なわれてきたが（ケイリーとはゲール語で「訪問すること」という意味だ）、やはりみんなの心をひとつにするには、ケイリーがいちばんなのだ。

もちろん、ダーウィンの主張が誤りだったということではない。音楽が生まれ、発達していったそもそもの理由はちがっていたにせよ、性淘汰がおのれの目的に活用しまくったことは大いに考えられる。そういうのは進化の得意わざだし、動物の世界にはその実例が山ほどある。ともあれ音楽に関しては、社会的集団の結束を強くすることが目的だった。おそらく言語も同様の理由で発達したのではないだろうか。

第6章　うわさ話は毛づくろい（言葉・物語）

私たちはほかの人の話をするのが大好きだ。そこそこの有名人や政治家、王室の私生活はもちろんのこと、おたがいのプライベートな部分まで話題にしたがる。お堅い新聞でさえ、ダルフールで飢える子どもたちや、ソマリアやイラクの戦禍はどこへやら、ゴシップ記事を一面に載せる始末。その理由は簡単――世界を動かしているのは、うわさ話だからだ。

言葉は、遠隔の毛づくろい

さて、あなたが昨日くだらないおしゃべりで浪費した時間はいかほど？　合計すると六時間、一日の四分の一ぐらいにはなっているはずだ。ではそのおしゃべりで得られた成果は？　そんな、成果って言われても……とあなたは口ごもるだろう。しかしそこまで卑下することはない。私たちは不思議なもので、人といっしょのときにはいつまでも黙っていられない。沈黙が耐えがたくなって、何か話すことはないかと必死に知恵をしぼる。たとえそれが無意味な内容でも。えーと……ここへはよくいらっしゃるので？

なぜ私たちはそんなことをするのか？

言葉は一種の毛づくろいだからというのが、ひとつの答えだ。サルや類人猿が行なう毛づくろいは、身体の清潔を保つというより、「あたしはあの子じゃなくてあんたに毛づくろいしたいの」と相手との関わりを表現する意味あいが強い。もちろんヒトも同様の触れあいはしょっちゅうやっていて、それは親密な関係に不可欠な特徴と言っていいだろう。親子、恋人、親友どうしなら、おたがいの身体にやさしく触れたり、髪をなでたりしたくなるはず。身体の触れあいは、社会生活が順調に流れていくためのペースメーカーなのである。

人間の場合、これに言葉も加わる。言葉はいわば遠隔毛づくろいであり、いろんな意味で毛づくろいと同じ役割を果たす。わざわざ話しかけるというのは、相手に関心があり、気持ちが向いている何よりの証拠だ。シェイクスピアやゲーテみたいに凝った表現である必要はない。ふだん交わす何気ない会話こそが、うそいつわりのない誠実な毛づくろいなのである。

言葉があれば、さらに情報交換という次のステップにも進める。誰と誰が仲良くなりそうか、信用できないやつは誰か、誰と誰がつきあっているかといったことを、サルと類人猿は自分の目で見て知るしかない。でも私たちは又聞きやその又聞きで情報が入ってくるので、人づきあいがらみの知識の範囲が格段に広くなる。

あなたの隣で交わされている会話に耳をそばだててみよう。内容のほとんどは自分や他人に関するものだ。ハリーがサリーと知りあって、サリーがスーザンと仲良くなって……。

だが進化には代償がつきもの。言葉は、誰が誰とどうしたという情報を交換するだけにとどまらず、いささかずるい使われかたをされるようになる。宣伝広告は人類最古の職業と言われるゆえんだ。まさかと思う人は、お隣の会話をもっとじっくり聞いてみよう。

会話の中身は男女に関係なくまったく同じかというと、そうではない。ハリーは自分語りが好きだが、サリーは女友達のスーザンについてしゃべるのが好きだったりする。たしかにそのとおり、とうなずく人も多いだろうが、それが正しいかというとイエスでありノーでもある。もちろん火のないところに煙は立たない。ただほんとうに探るべきは、どうしてそうなってしまうのかということだ。

男女の好む話題が大きく異なるのは、そもそも参加しているゲームがちがうからだ。注意ぶかく聞けばすぐわかるが、女たちの会話はもっぱら社会的ネットワークのためにある。たえず変化する社会のなかで、複雑な人間関係を構築し、維持していくためには会話が欠かせない。会話に参加できるということは、集団の一員として認められているからにほかならないし、それに誰かの最新動向をつねに知っておくのも重要だ。雑談だなんてとんでもない。女のおしゃべりは社会という回転木馬の中心軸、社会そのものを支える基盤なのだ。

これに対して男の会話は自己宣伝が大きな目的だ。男がしゃべるのは自分のことか、自分のよく知っていることばかり。オスクジャクの尾羽と同じである。オスは繁殖なわばりのなかを行ったり来たりして、そこに入りこんできたメスに色あざやかな尾羽を広げてディスプレイする。メスはいろんなオスのなわばりを訪れ、尾羽をくらべて繁殖相手を決定する。

ヒトのオスはそれを言葉でやっている。男だけで話をしているときと、そこに女が加わったときで、会話をくらべてみるといい。メスが近づいたとたん尾羽をご開帳するオスクジャクのように、女がいると男の話は突如自己宣伝モードになる。内容だけでなく話しかたもこれみよがしになって、笑いをとろうとがんばるのだ。でも知識をひけらかそうと、専門的な話ばかりされるのは正直うっとおしい。男の会話はいわば政治ゲーム。ライバルを蹴落とし、自分という人間を売りだすのが目的だ。言葉はまことに多面的な手段なのである。

母親ことばと音楽の起源

アメリカの人類学者ディーン・フォークは、母親が赤ん坊に聞かせる歌うような語りかけこそが、言葉の起源ではないかと指摘する。そうした独特の話法は母親ことばと呼ばれ、幼児に話しかけるとき、とくに女性は自然と口をついて出る。母親ことばは規則的なリズム、二オクターブの高低差を自在に行き来するイントネーション、ふつうの会話よりはるかに高いピッチが特徴で、音楽との共通点が多い。赤ん坊に語りかける母親を見かけたら、その声に注意ぶかく耳を傾けてみよう。その口調には、はるか遠い昔の響きがこだましているはずだ。赤ん坊の様子を観察することも忘れないように。母親の声が奏でるこの音楽は、赤ん坊にはとても魅力的らしい。赤ん坊は安心してにっこり笑い、母子の絆はいっそう強まるだろう。これもまたエンドルフィン・マジックなのである。

母親ことばには、赤ん坊を落ちつかせるだけでなく、赤ん坊の発達を後押しする効果もある。ケンブリッジ大学で生物人類学専攻のポスドクだったマリリー・モノットが、五二組の母親と新生児を一年間観察したところ、母親ことばをたくさん聞いた赤ん坊ほど発育が速く、にっこり笑うといった発達の指標に順調に到達していたことがわかった。これはけっこう怖い話だ。

サルや類人猿の場合、母親ことばのような声の調子で赤ん坊をなだめることはないし、抱いてやさしく揺らしたりもしない。母親ことばはヒト独特の行動と思われるが、そのはじまりは容易に想像できる。歌うように話しかけることで赤ん坊のむずかりがおさまる。健康な赤ん坊ほど機嫌が良い。となるとそこに淘汰圧が発生して、母親ことばが盛んに行なわれるようになる。でもどうしてヒトだけで、類人猿のいとこたちはやらないのか。その理由は、ヒトの赤ん坊が類人猿やサルにくらべて一年ほど出遅れているからだ（これに関してはあとでくわしく述べる）。類人猿の赤ん坊は、すぐに自分の面倒をある程度見られるようになるが、ヒトの赤ん坊はつきっきりで世話をしなくてはならない。チンパンジーの新生児と同じレベルに追いつくのは、一歳の誕生日を過ぎてからだ。親の手をわずらわせる期間が長く、世話も大変なので、赤ん坊をあやし、おとなしくさせておく手段がどうしても必要だったのだろう。

それをもとに、母親ことばが発達した時期も推測できる。脳の容量が劇的に増え、出産パターンが大きく変化した結果だとすれば、古代型ホモ・サピエンスが出現した五〇万年前ごろと考えられる。音楽もほぼ同じころと考えていいだろう。母親ことばは音楽の前身、さらに言うなら音楽と言葉のあいだの踏み石だったのかもしれない。

母親ことばは厳密には言葉ではない。単語が含まれることも多いが不可欠ではなく、意味のない音節で事足りる。ねんねんころり……のようにリズムがあって語呂が良ければ充分だ。そうした特徴からも、言葉が進化する前の先駆的な存在だったことがうかがえる。歌詞のない歌唱やハミング、つまり純粋な音楽に近いかもしれない。母親ことばと共通点が多いのが、アウターヘブリディーズ諸島の女たちに伝わるワーキングソングだ。台所のテーブルを囲み、織りあげたばかりのツイード地を伸ばし、やわらかくしながら歌われる独特の歌唱で、これといって意味のないはやし声もあれば、貧困や厳しい労働、悲しい物語を背景にしたいささか卑俗な歌詞が歌われることもある。口承だけで受けつがれてきた貴重な伝統だ。言葉が最初に使われた状況も、こんな感じではなかったかと私は想像する。たき火を囲んで、あるいは果物を集めたりイモを掘ったりしながら、女たちが声を合わせていたのだろう。合唱はエンドルフィン放出の引き金にもなる。みんなで声をひとつにすれば、つらい仕事も楽になるのだ。

女どうしのつながりが、言葉を発達させた

言葉が発達したおかげで、私たちはたくさんの人間関係を束ねることが可能になった。どうやって束ねるかというと、その場にいない人に関する情報を交換するのである。そうすれば、その人がほかの人とどんな関係を築き、どんな行動をとるのか、自分はどんな対応をすればよいか、といったことがわかり、集団内での関係調整がとても効率的にやれる。これは、現代社会のように集団が大人数で、しかも分散している状況ではことに重要だ。

新聞や雑誌のゴシップ記事が好まれ、私たちの会話の大半をうわさ話が占める理由もこれで説明がつく。伝統ある大学の談話室のようなかしこまった場所でさえ、学問関連の話題とうわさ話が交互に出てくるありさまだ。私たちはある大学の談話室で、三〇秒ごとに話題を拾ってみたことがある。すると会話時間のおよそ七〇パーセントが、人間関係や個人的な経験のことで占められていた。しかもそのうち半分が、そこにいない人に関する内容だったのだ。

男は自分自身の人間関係や経験を話すことが多いのに対し、女は他人について話したがる傾向がある。この男女差を考えると、言葉は女どうしのつながりを背景に発達したと言えないだろうか。人類学者の大半は、言葉は狩りなどで男どうしがやりとりするために生まれたと考える。しかし社会でより重要なのは、「その場にいない第三者」を話題にする女どうしのおしゃべりだ。ヒト以外

の類人猿社会では、オス対オスよりもメスどうしの関係のほうが断然影響力が大きい。

その場にいない第三者の情報を交換することは必要不可欠だ。相手がまだ会ったことのない人について、どうつきあえばいいか、ややこしい事態になったらどう対応するべきか、あらかじめ教えておくことができる。類人猿の毛づくろいはあくまでも一対一の関係にすぎないが、言葉を使えば人をタイプ別に分類することが可能になり、階層単位でのつきあいということも学習できる。聖職者がつける白いクレリカルカラー、医療関係者の白衣、ＰＫＯ隊員の青いヘルメットなど、私たちは特定の職種に象徴的な目印をつけたがる。そうすることで、初対面の相手にも適切な態度をとれるのである。もし予備知識がなかったら、おたがいの立場を学んでちょうどいい関係をつくるのに何日もかかるだろう。

分類と慣習。この二つがあるおかげで、人間関係のネットワークは拡大し、さらにはネットワークのネットワークまで生まれて、きわめて大規模な集団が形成されることになった。もちろん荒削りで大雑把な関係がほとんどなわけだが、少なくとも初対面の人と接するときに、表面的には失礼のないようにふるまうことはできる。そして親密な関係になればなるほど、言葉の出る幕はなくなって、霊長類と同じ一対一の接触に戻っていくのだ。

こうして見えてくるのは、言葉の進化に関するひとつの仮説で、人間のほかの行動もいろいろと説明できそうだということ。他人のうわさ話がなぜ蜜の味なのか。なぜ人間社会はすぐ階層構造になってしまうのか。会話する集団が少人数にとどまるのはなぜか。哺乳類のなかで霊長類の脳が大きいのはなぜか。さらには言葉は現生人類、すなわちホモ・サピエンスの出現とともに発達したという意見とも一致する。

もちろん説明がつかないこともある。なぜ私たちの祖先は一五〇人前後の集団で生活する必要があったのか。ヒト以外の霊長類が集団生活をするのは外敵から身を守るためだが、ヒトの集団ははるかに大きいのでこれは当てはまらない。ただ外敵ではなく、資源を管理したり、保護したりすることとは関係があるかもしれない。たとえば水源は広い範囲に点在している。狩猟・採集をしながら移動を続ける集団には、一年のこの決まった時期にかならず立ちよる水源というのがあるはずだ。

夜、物語る効果

人間にしか見られない行動のなかで、言葉が絶対不可欠なのが「物語」だ。世界中のすべての人間がはるか遠い昔から物語を話し、物語を愛してきた。それはよくあるうわさ話とはちがう。たき火を囲んで語られる物語には儀式的な意味あいもあり、形式も定まっていることが多い。長い歴史を持つのも特徴で、インドの大叙事詩マハーバーラタの一部であるバガヴァッド・ギーターは、およそ二〇〇〇年前に書かれた。旧約聖書のなかには、それより数世紀さかのぼる話があるし、ホメロスが叙事詩『イーリアス』『オデュッセイア』を書いたとされるのはさらに数世紀前だ。これらよりけたはずれに古いとされるのが、オーストラリア南海岸ぞいで先住民が語りついできた物語だ。そこにはタスマニア島とオーストラリア本土を隔てるバス海峡の海底地形が驚くほど正確に描写されている。たしかにそこはかつて陸地だったが、氷河期が終わった一万二〇〇〇年前に海に沈んでいるのだ。

なぜ私たちはそれほど物語を好むのか？

まず言えるのは、物語の多くは起源を伝えるということ。自分たちはどこから来て、どんな経緯でいまのようになったのか。もちろんコミュニティについても語られるから、帰属意識も強まる。知識の共有は、コミュニティの会員証みたいなものだ。「へたくそなミッドオンが落球しやがった」という私の言葉を瞬時に理解した人は、クリケットを実際にプレーするか、クリケット観戦が盛んなコミュニティの出身ということになる。たったこれだけのことで、私とその人は趣味が同じであると了解し、おたがいに好意を抱くだろう。世界観が共通で、行動するときのルールも同じだと考えるのだ。おそらくはるか昔は、生活をともにしたり、血縁どうしだったりしなければ、こうした知識を共有できなかったはずだ。だからツウな知識を共有しているとわかったとたんに仲間意識が生まれ、ほかの連中とはちがうのだと思うようになる。宇宙の奥義を握る秘密結社気どりで、内輪だけに通じる隠語をやたらとつくりたがるのもそれだろう。まったく、秘密なんてろくなものじゃない。

巧みな話術で語られる優れた物語は聞く者を夢中にさせる。そのうえ夜にたき火を囲みながらとなると、すっかり引きこまれるにちがいない。地域や文化を問わず、物語を聞くのは夜にかぎる。

薄暗い闇のなかで語られる物語は、どうしてあんなに生き生きとしているのだろう？

　夜にたき火を囲むひとときは、たしかに最高にリラックスできる時間だ。今日の仕事はすべて終えて、これといって用事もなく、あとは寝るだけ。それならば、サルや類人猿のように日暮れとともに寝床に入ればいい話だが、私たちヒトはそんなことはしない。しばらくのあいだ起きていて、おしゃべりを楽しむ。しかもこの時間は、お客を夕食に招いたりと社交にも活用される。仕事のない週末であれば、朝食や昼食、あるいはお茶に招待してもいいわけだが、やはり好まれるのは夕食の時間だ。ときにはたき火を囲みながら、衣服のつくろいや狩猟道具の手入れといった作業をすることもあるが、そんなときでも物語は語られる。

　きっと雰囲気とか心理的なものが作用しているのだろう。薄暗がりのほうが、語り手は聞き手の感情を操作しやすいし、聞く側もわくわくする。神秘的な生き物が登場する話も多いから、昼間だと現実が見えすぎて興ざめなのかもしれない。闇のなかで人は不安になり、無力になる。猛獣にしろ人間の悪党にしろ、外敵が容易に「避難距離」（外敵に見つかっても逃げおおせる距離）を越えて接近できるからだ。語り手が聴衆の感情を意のままに操るには、夜のほうが好都合なのである。

第7章　今夜、ひとり？（魅力）

自然淘汰が幅をきかせるダーウィン進化論の世界では、生殖こそが進化の原動力だ。生殖に成功すれば、種の遺伝子プールに自分の生物学的な足跡を残すことができる。ただしそれには、わが子もまた子孫を残すことが前提となる。自分がおじいちゃん・おばあちゃんになれるかどうか。突きつめれば進化プロセスとはそういうことだ。ただし世代単位で考えれば、求愛とパートナー決めにはじまる長いプロセスは子どもの誕生でひと区切りとなる。そこで私たちはどんな選択をするのか、ダーウィンは成りゆきをじっと眺めている。

伝統的な社会では、男は若くて子どもをたくさん産める女を選びたがり、女は地位と富を持つ男に惹かれる。一例として、一八〜一九世紀におけるドイツの農民の結婚パターンを見てみよう。エッカート・ヴォラントが、ドイツ北西部クルムホルン地方の教区登録簿を調べた研究によると（第3章参照）、土地持ちの裕福な農民は、日雇い農民よりうんと年下の女性を妻にしていた。また社会経済的な階級が下の女性ほど、結婚によって上の階級に行こうと懸命にがんばる様子が見てとれた。

女性にとって、結婚を通じていまより上の階級にのしあがることは重要な意味を持つ。社会階級が上の男性と結婚した女性は、そうでない女性よりも無事に生きのびる子どもの数が最高で一・三倍も多い。これは出生率というより、乳幼児の生存率が高くなるからだ。昇婚（自分より地位が高い者との結婚）の恩恵は多大なのである。もちろん、すべての女性がこうした成功をかちとれるわけではない。せめていまの階級から転げおちないように、割りの合わない仕事に必死にしがみつく女性たちがほとんどだ。ジェーン・オースティンの『高慢と偏見』に登場するオールドミスもそうだった。彼女は玉の輿をねらってダーシー争奪戦に加わるものの、もはや時間切れと悟って牧師のもとに嫁いだ。

恋人探しのルール

新聞や雑誌の恋人募集欄は、いまやお相手探しの重要な場だ。パートナー選択につきものの駆けひき、パートナーに求める性格、相手に気にいってもらえそうな自分の長所などをここでかいま見ることができる。これはある意味公開入札のようなものだ。良さそうな相手が見つかれば長い交渉がはじまり、さらにうまくいけば長期的な関係へと発展する。結婚にゴールインすることもあるだろう。

フィンリー・マクドナルドが書いた『クラウディとクリーム』は、二つの大戦にはさまれた、アウターヘブリディーズ諸島での子ども時代が描かれた好著だ。そのなかに、老いた男やもめのヘクターが嫁さん探しに悪戦苦闘するエピソードが登場する。村人たちはどうなるか興味津々だが、へんぴな島暮らしでどうやって相手を見つければいいのか。そのとき如才ない一一歳のフィンリーが、広告を出すという名案を思いついた。こうして『ストーノウェイ・ガゼット』紙に、フィンリーが知恵をしぼった広告が掲載される。

当方引退した船乗り。婚因［ママ］を視野に入れて農作業してくれる女性求む。

繊細さのかけらもなく、字もまちがっているが、一一歳の少年にはこれがせいいっぱいだった。ところがこれが効いたのだ。ヘクターは三人の応募者から選ぶという身に余る光栄に浴した。そのなかでフィンリーが強く推薦したのはカトリオナだった。応募文面のスペリングがいちばん正確だったからだが、あとから「いい人のような気がする」という理由も付けたした。この選択は正解で、ヘクターはカトリオナとともに幸せな老後を送ることになる。

恋人探しの個人広告はいまでも盛んだ。それはポーカーの最初のビッドだと思えばいい。それなりに人生経験を積んだあなたは、異性を惹きつけるための原則みたいなものはわかっている。ただ現実にどこで相手が見つかるのかわからない。恋人探しゲームの極意は「早まるな」だ。ヘクターのように複数の応募があるまで待てば、少なくともそのなかで取捨選択ができる。

恋人探しゲームのルールは、書面になっていなくてもみんな暗黙のうちに了解している。若い女ほど好条件の男が寄ってくるし、老人でも大富豪であれば二〇歳の美人モデルと結婚できる。だがこうした好みは何をもとにしていて、それが実際のパートナー探しをどこまで左右するのだろう?

まず好みの問題を考えよう。アリゾナ州立大学テンピ校の心理学者、ダグラス・ケンリックとリチャード・キーフは、アメリカ、オランダ、インドの恋人募集広告一〇〇〇点以上を分析した。その結果は私たちが薄々思っていたことを裏づけるものだった。男は年齢が高くなるほど若い女を希望するようになる。また年齢に関係なく男が求めるのは、受胎能力がピークにある二〇代後半の女だということ。これに対して女は自分より三~五歳年上の男を希望する。この程度の年齢差は、おたがい年をとればないに等しい。つまり男は自分よりうんと若い女を欲しがり、女は自分よりちょっとだけ年上を求める。これは永遠に解消しないミスマッチだ。もちろん現実は理想どおりにはいかないから、ほとんどの人が妥協点を見つける。二番目で手を打つほうが、誰もいないよりましだからだ。ただ女性のほうが好みがうるさいぶん、少しだけ有利かもしれない。男に求める条件がたくさんあるから、これなら許せるという条件を絞りこみやすい。老いた男が若い女をつかまえられるのは、好ましい条件を備えているときだけ——その条件とは財産、それも莫大な財産である(代わりに名声でも可)。

こうなると苦しいのは年をとった女だ。男が女に求める条件は、何がなくとも若さだからである。自分が不利な立場であることを承知しているのか、年齢が高い女は恋人募集広告でもうるさいことは言わず、誰かいればすぐ手を打つ勢いだ。ヘクターの募集に応じたカトリオナも、自分は五〇歳の孤独なオールドミスだと正直に告げた。だがそこでヘクターが彼女をだまそうものなら、天罰が下ったことだろう。カトリオナは自分に選択の余地がないことを重々承知しつつ、ある意味ヘクターを試したのである。

自分の年齢を明かさないままうまくやりおおせる女もいる。二〇代の振りをすれば、高飛車な条件を突きつけることもできる。何より恋人探しゲームに長く参戦できるし、複数の候補者から選べる可能性も高くなる。ただしこの戦略にも穴がある。異性に求める年齢差の傾向は変わらないのだ。だから彼女が年齢を隠していたら、相手の希望年齢から五歳引き算するといい。だいたい当たっているはずだ。

もっとも、年齢なんて判断基準のひとつにすぎない。外見や財産は広告だけではわからない。そのあたりを調べるために、デヴィッド・ウェインフォース（現在はイーストアングリア大学にいる）と私はアメリカの新聞四紙に掲載された九〇〇件近い個人広告を分析した。まず、自分より若い相手を希望する男性は全体の四二パーセントで、女性は二五パーセントだった。身体つきの魅力を条件にあげるのは、男性が四四パーセント、女性が二二パーセント。ここまでならさほど驚きはないが、さらにわかったのは、男性は自分の外見に関して控えめということだ。広告を出した女性の五〇パーセントが、「曲線美」「美人」「華やか」といった表現を使っていたのに対して、それらの男性版である「ハンサム」「がっしり」「引きしまった」という表現を使う男性は三四パーセントしかいなかった。

収入や地位となると話ががらりと変わる。これらに関して要求が厳しいのは女性だ。パートナーに求める条件として「大卒」「持ち家」「専門職」といった言葉を使う女性は男性の四倍。男性でそうした条件を売りこむことに熱心だが、その出しかたがまた微妙だ。たとえばロンドンの場合、ケンジントンやハムステッドといった高級住宅地に住んでいれば堂々と出すが、ハクニーとかアイル・オブ・ドッグズといった庶民的な場所だとだんまりを決めこむ。

こうした性差は文化や土地によって多少は変わってくるとはいえ、基本的な傾向は驚くほど一貫している。サラ・マクギネスと私は、ロンドンで発行されている二つの雑誌の恋人募集広告六〇〇件を調べてみたが、結果はアメリカの広告と同じだった。広告を出した女性の六八パーセントは自分の身体的な魅力を匂わせていたが、外見を売りにする男性は五一パーセントしかいなかった。

こうした傾向は、恋人募集広告の分析ではない調査からも見てとれる。テキサス大学オースティン校の心理学者デヴィッド・バスは「お相手選び」研究の第一人者だが、一九八九年、彼は結婚に関するさまざまな好みや傾向を調べる大規模なアンケートを実施した。対象になったのは、オーストラリアからザンビア、中国からアメリカまで三七か国の一万人以上である。アンケート結果を分析したところ、国や文化に関係なく、男性よりも女性のほうが相手選びの好みがうるさく、社会的な条件や本人の性格、資質といった数多くの基準で候補者を評価していることがわかった。女性は候補者の社会的地位や収入を条件からはずすことはぜったいにないのだ。いっぽう男性が相手選びで優先させるのは、女性の若さであり、外見だった。

魅力の秘密

恋人募集広告から浮かびあがるさまざまな傾向は、進化論的な考察とみごとに一致する。生殖と一口に言っても、そのためにオスとメスが取る行動はかなり異なる。だから人間の男女も、相手探しというプロセスに対する着目点がちがうことが考えられる。それは哺乳類ならではの特徴と強く結びついている。哺乳類は妊娠期間が長く、生まれたあとも授乳が必要であるため、オスの役割はメスを妊娠させるまでで、そのあと生殖に直接的に貢献できることがほとんどない。もちろん私たちヒトも哺乳類だ。もしヒトの生殖が鳥類や魚類に近かったら、まるでちがった話になっていただろう。

けれども私たちは哺乳類だから、お相手探しのパターンも哺乳類の流儀にしたがっている。生殖の成功率を最大限に引きあげたいオスの選ぶ道はただひとつ、できるだけたくさんの卵子に受精させること。ヒトの場合は、若くて受胎能力が盛んな女を選ぶか、一度にたくさんの女と結婚するかである。対して女のほうは生まれた子どもを育てあげねばならないから、子育てにプラスになる相手を求める。だから恋人募集の条件で収入や地位、職業（要するに金があるかどうか）を重視するのだ。さらに女の場合は、長期的な関係が築けるかどうか、人づきあいのスキルが高いかどうかも相手選びの重要な基準となる。いきおい男もそのあたりをアピールするわけで、広告では略語が使われたりもする。たとえばGSOHは「ユーモアのセンスあり（Good Sense Of Humour）」の意味で、パートナーの心をつかみ、楽しませる能力が高いと言いたいわけだ。

相手選びのとき、男が女の外見をことさら重視するのはなぜか？　それは年齢、健康状態、そして受胎能力といった大事な条件を、外見の特徴から見きわめるためだ。進化の積みかさねから生まれてきたそうした特徴は、ごまかすのが難しい。たとえばいかにも女らしい砂時計のような体型。男性（の多く）が、ウエスト・ヒップ比率が小さい、つまりウエストが細くてヒップが大きい女性を好むことは経験的に知られているが、これにはちゃんと科学的研究の裏づけもある。テキサス大学オースティン校の心理学者デヴェンドラ・シンは、一八～八五歳までの男性一九五人に女性のさまざまな体型のスケッチを見せて、魅力度を評価させた。すると男性には、太りすぎでもやせすぎでもない標準的な体重で、とくにウエスト・ヒップ比率が小さいと魅力ばつぐんであることがわかった。具体的には比率が〇・七前後がいちばん人気が高い（ちなみに二〇代の健康な女性のウエスト・ヒップ比率は〇・六七～〇・八だ）。男性誌『プレイボーイ』には、三〇年前から見開きページにこの体型の女性たちが登場している。

この好みはただの流行ではない。ウエスト・ヒップ比率が小さい女性は、大きい女性よりもおおむね受胎能力が高いのである。思春期に入るのも早く、既婚女性を対象にした調査では、妊娠しやすいこともわかっている。これはおそらく、アメリカの生殖生物学者ローズ・フリッシュが一九八〇年代に発見した「フリッシュ効果」と関係があるだろう。くわしい理由はわかっていないが、女性は体脂肪率が一定レベルを超えないと排卵が起きないのである。いわゆる砂時計体型は、腰と太ももに脂肪がついて横に張りだすことで得られる。ヴィクトリア朝の女性たちはウエストをぎりぎりまで締めあげ、バスルと呼ばれる腰当てで腰をふくらませていたが、それは砂時計体型を強調するためだったのだろう。

顔もしかり。何をもって美しい顔と感じるかは、男女の生殖戦略のちがいを反映している。セントアンドルーズ大学の神経心理学者デヴィッド・ペレットの研究室は、「好感度の高い」顔を合成した写真を使って、人がいちばん魅力的だと感じる特徴を特定することに成功した。

それによると、女性が魅力的だと感じる男性の顔には、大きい目と小さい鼻、それに顔の下半分ががっちりしていて、あごが発達しているといった特徴がある。あとの二つは性的成熟を示すものだ。対して男性が魅力的だと感じる女性の顔の特徴は、大きな瞳、左右に離れた目、高い頬骨、小さいあごと上唇、大きい口。その多くは子どもの顔と共通で、若さ、すなわち受胎能力の高さを強調している。さらに男性は、やわらかくてつやのある髪と、輝くようななめらかな肌にも弱い――化粧品業界の目のつけどころだ。ただしこの二つは若さと生殖能力のしるしであるエストロゲン濃度と密接に結びついているので、おいそれと偽装はできない。

しかも文化や人種がちがっていても、美しいと感じる要素は共通している。ルイヴィル大学の心理学者マイケル・カニンガムは、人種が異なる人びとにさまざまな顔を見せて魅力を評価してもらったところ、美しい顔とされる特徴は文化の壁を超えて一致していることがわかった。それはかいつまんで言えば、女性なら子どもっぽい顔、男性なら成熟した顔ということになる。デヴィッド・ペレットの研究グループも、ヨーロッパ人、日本人、それに南アフリカのズールー族を対象に顔の魅力を調査したところ、よく似た結果が得られた。たで食う虫も好き好き……ではないのである。

野心を調整する

ウィノナ・ライダーのまなざしに込められた艶めいた色気。リチャード・ギアの匂いたつような男らしさ。絶頂期の二人の魅力は、まねしようとしてできるものではない。凡人である我々ともなると、「盛り」の時期は人生のなかでほんのわずかしかない。そのあいだに、どうやってお相手を見つければよいのか？　進化論を応用するならば、不利な状況からでも最大限の結果を得られるよう戦略を調整するのが得策だ。つまり要求レベルを下げて特価品で手を打つということ。そう、ジェーン・オースティンのオールドミスだ。

恋人募集広告では、実際に状況に応じてそうした調整がなされている。デヴィッド・ウェインフォースと私が行なったアメリカの広告の分析では、年齢が高い(すなわち受胎能力が落ちつつある)女性は、若い女性ほど相手への要望が厳しくない。同年代どうしでは、自分の外見に自信がある女性のほうが、容姿について触れていない女性よりも男性に高いハードルを設定している。手持ちのカードが最強だと思ったら、一世一代の勝負に出るべきだ。

もちろん男性も条件を調整しているが、こちらは容姿ではなく地位や富があるかどうかがカギになる。同年代の場合、お金と地位があることを広告で匂わせる男性ほど、女性への要求が厳しい。そうした男性は、子持ちの女性に対する容認度も低い。そしてこれは女性と反対なのだが、男性は年齢が高くなるにつれて条件が厳しくなる。有利なカードが手元に集まってくるのだろう。しかし強気でいられるのも中年まで。五〇代なかばをすぎた男性の広告は要求がとても控えめだ。老いと死がそう遠くない自分の商品価値をわかっているのだろう。

もう少し気軽な出会いの場でも、自分の状況に応じてハードルの高さを変える感性は大いに発揮される。ヴァージニア大学の心理学者ジェームズ・ペネベイカーは、シングルズバーにやってきた(しらふの)男女に、ほかの客を一〇点満点で評価してもらう調査を実施した。すると閉店時間が近づき、今夜も「手ぶら」で帰宅する可能性が高くなるにつれて、異性につける点は上昇していった。平均をとると、午後九時と午前〇時では、後者のほうが約二〇パーセント評価点が高くなった。ちなみに同性に対する評価は、時間がたっても変わらない。いちばんかわいさの乏しい女の子がはやばやと相手を見つけて店を出ていったとは考えられないから、シングルズバーの客たちは、収穫ゼロの事態を回避するために、異性に対する基準を引きさげたのである。

人生の後半戦で新しい出会いを求めるとき、子どもがいると重たい足かせになる。ヴォラントは、ドイツのクルムホルン地方の一八世紀と一九世紀の教区登録簿をもとに、最初の結婚で子どもをひとりもうけた若い農婦の再婚率を調べた。すると子どもが死んでいる農婦のほうが、再婚率は一七パーセントも高かった。アメリカの恋人募集広告でも同じ傾向を見てとることができる。幼児がいる女性が出す条件は、そうでない女性より大幅にゆるい。同年代の女性でくらべると、子どものいない女性が相手に求める特徴は、子持ちの女性の二倍も多かった。子育て中の女性にえり好みは許されないのである。

女の変化に気づいていない男たち

お相手探しをするときは、誰もが自分の市場価値に敏感になる。一九八〇年代はじめ、ランカスター大学に当時在籍していた心理学者スティーヴ・ダックがそのことを実験で明らかにした。実験では架空の調査プロジェクトのためと称して、男性被験者にアンケートに記入させる。同じ部屋ではひとりの若い女性が同様に回答するのだが、彼女はサクラだ。被験者によって服装や態度を変え、反応のちがいを観察する。すると男性被験者は、サクラの女性の服装や態度の傾向が自分に近いときに、積極的に話しかけることがわかった。つまり私たちは、勝算がありそうな勝負にしか手を出さず、手持ちのカード以上のはったりをかまさないということだ。お相手探しは過酷なゲームだ。あなたが選ぶだけではだめで、向こうにも選んでもらえないと勝ったことにならない。

ボグスワフ・パウウォフスキーと私がイギリスの恋人募集広告を分析したところ、やはり現実主義的な感覚が浮かびあがってきた。私たちは男女それぞれについて単純な指標を算出した――特定の年齢を希望する人と、その年齢の人の比率である。選択比率が1以上であればモテモテ、1未満だと不人気ということになる。しかも男女いずれにおいても、選択比率が高い年齢グループほど、相手に対する注文が多いことがわかった。唯一の例外は四〇代後半男性である。彼らはおのれの市場価値を過大評価していて、異性に強気の要求を出す。とはいえ五〇代に入るころには厳しい現実を悟るのか、要求が急にしぼんでいく。男も学習能力はあるらしい。

現実主義はお相手探し市場でとても強い役割を果たしている。社会階層が自分よりずっと上の人をねらって努力してもむだなのだ。自分が異性から見てどのぐらいの位置づけにあり、それに応じて野心をどう調整していくのか――私たちは早くも幼稚園の砂場でそのことを学んでいる。夢のなかではウィノナ・ライダーやリチャード・ギアと結ばれるかもしれないが、現実には二度ほど痛い目にあえば地に足がつく。だからどんなに高望みする人も、結局は似た者どうしでくっつくのである。お見合いや家どうしで決めた結婚が一般的な社会では、なおさら「釣りあい」がとれた相手との結婚が多くなる。社会的・文化的背景だけでなく、身体的な特徴まで似ていることが多いのだ。

とても変わったところでは、結婚しているカップルは、手指の関節の相対的な長さが近い。

お相手の選択には経験も大きくものを言う。アメリカの恋人募集広告の分析では、ひとつ目立った特徴が見つかったが、それも経験がなせるわざなのかもしれない。その特徴とは、一夫一婦制や家庭生活につながる条件、すなわち「愛情豊かな」「温かい」「ユーモアのセンスがある」「家庭的」「紳士的」「頼りがいがある」を出すのは圧倒的に女性だということ。アメリカの募集広告で見ると、女性の四五パーセントはこうした特徴の少なくともひとつを希望していたのに対し、男性はわずか二二パーセントだった。また男性側の自己アピールにも、前述のような表現はほとんど見られない。女が男に求める条件は変わってきているのに、男はまだそれに気づいていないようだ。

もっともこれには文化的な背景もかかわっているだろう。男と女では、抱く野望が異なるのだ。東西を問わず伝統的な社会では、女が子どもを無事に産み、育てられるかどうかを決めるいちばん重要な要素は富である。だから女は夫となる男を選ぶとき、富を持っているかどうか（少なくとも富を獲得できる可能性があるか）を重視する。ところが産業革命によって西欧諸国が工業化したことで、出産と育児をめぐる状況に二つの大きな変化が起きた。ひとつは医療技術の進歩によって、乳幼児の死亡率がそれ以前にくらべて、また工業化が遅れている国々にくらべて劇的に下がったこと。もうひとつは経済規模が拡大したことで、富の格差があっても子育てに投資できるようになったこと。さらに女性が自分で稼げるようになり、子育てという苦労も金もかかる時期にさえ、男性に頼る必要がなくなってきたこともある。

金のあるなしが昔ほど重要でなくなると、子育て環境を左右するもうひとつの側面、すなわち社会的な部分の比重が大きくなってくる。だから恋人募集広告を出す女性の四五パーセントは、「思いやりがあって家事・育児を分担してくれる」パートナーを求める。しかし広告を見るかぎり、女性が優先させたい条件が変わったことに男性は気づいていないようだ。女が求めるのは、負担を分かちあおうとするやさしい男だが、男のほうはあいかわらず男くささと財産を売りにしている。

もちろん広告なんてもともとうさんくさいものだし、お相手探しにもどこか後ろめたさがつきまとう。恋人募集広告でよく聞かれる苦情は、実際に会ってみたら広告とまるでちがっていたというものだ。誰だって選択肢を狭めたくないから、自分のことはかなり大げさに売りこむし、相手にはそれを上回る条件を求める。自分の市場価値を正確に把握しているのかどうか、はなはだ疑問だ。

もしあなたがこの種の広告でパートナーを見つけるつもりなら、こう忠告しよう。広告の自己アピールの部分は無視して、異性に求める条件にだけ注目すること。その条件にこそ、本人のほんとうの姿が映しだされていることが多い。ポーカーと同じことだ。

第8章　エスキモーのあいさつ（キス・匂い・リスク）

一八三八年七月、いとこのエマ・ウェッジウッド（あの陶磁器メーカーの創業家出身だ）との結婚を考えていた若きダーウィンは、結婚の長所と短所を書きだしてみた。だがそれは時間のむだだったと言えよう。なぜならエマが彼の求婚を受けいれるかどうかは、結婚生活の良し悪しではなく、もっと生物学的で身も蓋もない事情で決まるからだ。進化の過程で人間が身につけた安っぽい化学トリックは、私たちの行動を思った以上に強力に支配している（ダーウィンは知る由もなかったが）。人間は脳が発達したおかげで、下劣な野性を克服することができたと私たちは自慢するが、その下劣な野性がときおり暗がりから顔を出し、私たちの手をぴしゃりとたたいて過去を思いださせるのである。

キスという行為で考えてみよう。主に毛づくろいのときだが、サルや類人猿も鼻をこすりあわせることがある。だが唇をぴったりくっつけるキスをするのは、動物のなかでも人間だけだ。もちろん、地域や文化によってそういう習慣がないところもあるが、フランスかぶれでなくてもかなり一般的な行為であることはまちがいない。これはいったいどういうことか？

キスの進化論的な効用

フロイトと仲間たちは、キスは一種の赤ちゃん返りだと主張した。母親のおっぱいを吸っていた至福の記憶を、深いところから呼びおこすというのだ。たしかに両者を結びつけるのは簡単だが、でもおっぱいを吸うのとキスは同じではない。だいたい赤ちゃん返りしたいのなら、ほんとうにおっぱいを吸えばいいではないか？　昆虫や一部の鳥に見られる求愛行動で、口移しで食べ物を与えるのがキスの起源だという説もある。これを実行するのはもっぱらオスで、気をひきたいメスに食べ物（あるいは自分の胃の内容物）を与え、メスはその量でオスの資質を判断する。好きな女にダイヤの指輪やミンクのコートをプレゼントするのと似ているから、これはこれで納得できる説だ。けれども、食べ物がからまない状況では通用しないし、チョコレートや花束など代わりの手段がいくらでもある。それに求愛行動での口移しは一方通行だが、キスは男女ともに熱心に行なうから、何か別の要素があるはずだ。

では人間はキスで何をしているかというと、どうやら相手の遺伝子構成を吟味しているらしいのだ。人間の免疫システムはひとりひとり異なっていて、それを決定するのは主要組織適合遺伝子複合体、略してＭＨＣと呼ばれる遺伝子の集まりだ。花粉、ウイルス、バクテリアといった異物をどこまで認識し、体内に侵入してきたときに退治するかはＭＨＣ遺伝子が決める。ＭＨＣ遺伝子は変異を起こしやすい。私たちの身体は、隙あらば寄生したり、生命をねらったりする顕微鏡レベルの敵に囲まれているが、そんな脅威に対抗できるのもＭＨＣ遺伝子のおかげだ。またＭＨＣ遺伝子は体臭のコントロールもしている。その人が生まれつき持っている体臭は、免疫反応との関係が深いのだ。

すでに数多くの研究で示されているように、人は自分にないＭＨＣ遺伝子型を持つ相手を伴侶に選ぶ傾向がある。その理由は説明するまでもない。自分と同じ遺伝子型だと、生まれた子どもの免疫力は幅が狭くなる。でも両親の遺伝子型が異なっていれば、子どもは両方を受けついで病気に対する抵抗力の範囲が広がるのだ。

つまり自分にない免疫反応の持ち主が伴侶としてふさわしいわけだが、ではどうやってそれを見わけるのか？　ひとつの手がかりは匂いだ。匂いというのは接近してはじめてわかるだけに、とても個人的なものだ。香水の好みが人それぞれなのも、体臭との兼ねあいがあるからだろう。基本的には、その人本来の匂いを強調してくれる香水がよしとされる。だからよく知らない人に香水をプレゼントするときは慎重に。とはいえ匂いはごまかすことも可能だ。ジヴァンシーの新作を浴びるほどつけるのもひとつの手だが、私たちが進化の歴史の大半を過ごしてきた自然界でも、分泌物やバクテリアの働きで匂いが変わることがある。そんな偽装にまどわされないためには、相手との距離を徹底的に縮めて、自分の五感で直接たしかめる必要がある。

唾液には、体内で生成されたさまざまな化学物質が含まれている。主要尿たんぱく質（ＭＵＰ）もそのひとつだ。尿と聞いて顔をしかめた人のために説明しておくが、この名称はＭＵＰが最初に見つかったのがマウスの尿だったことに由来している。そこでわかったのは、ＭＵＰは個体認識となわばり行動に深くかかわっているということだった。リヴァプール大学のジェーン・ハーストを中心とする研究グループは、メスのマウスはＭＵＰだけでオスを区別していることを最近突きとめた。尿にＭＵＰが含まれているのは、ある程度の広さのところに自分の存在を示すうえで、尿を活用するのが便利だからだ。だから尿にかぎらず体液を排出するところには、かならずＭＵＰがあると言っていいだろう。

次回異性と激しく盛りあがったときは、一瞬立ちどまって思いだしてほしい。これは自分と異なる免疫反応の持ち主を探す試みであり、成功のカギはＭＵＰが握っているのだと……。とはいえ実際には、自然の欲求に身をまかせるのが得策だろう。邪念にまどわされて肝心のところで失敗しては、進化が何百万年もかけてつくりあげてきた選択メカニズムが泣くというものだ。

匂いの影響力

エスキモーといえば、握手のかわりに鼻をこすりあわせるあいさつで知られる。もっともそれは、エスキモーをはじめて見たヨーロッパ人探検家がつくりあげた神話のようなもので、正確にはおたがいの顔のそばに鼻を寄せて、息を深く吸いこむ。それにこうしたあいさつはエスキモーにかぎったことではない。ニュージーランドのマオリ人にもホンギと呼ばれるあいさつがある。ただしこちらも鼻と鼻をこするのではなく、軽くくっつけあうだけで、主人とお客の結びつきを象徴している。

エスキモーやマオリ人がこのあいさつで何をしているかというと、おたがいの匂いをかいでいるのだ。匂いはその人のほんとうの姿を知る最高のしるしなのである。私たちが生きる世界は視覚ありきだから、匂いの重要性が忘れられがちだ。けれども匂いは私たちが思っている以上に活躍しているし、とくに伴侶選びではなくてはならない役割を果たす。一九六〇年代のことだが、公衆トイレの個室にアンドロステノンをまくという茶目っ気のある実験が行なわれた。アンドロステノンはステロイドの一種で、テストステロン、いわゆる男性ホルモンの副産物としてできる。ひげそり直後の男性から発散されるちょっとカビ臭いような匂いがそれ。さて、トイレの利用者を観察したところ、男性は「アンドロステノン入り」の個室を避けることがわかった。一度入っても、そそくさと出てきて別の個室を探すのだ。しかし女性は、アンドロステノン入りの個室に行列をつくった。

リヴァプール大学のタムシン・サクストンの研究グループは、この実験のアップデート版として、上唇にアンドロスタジエノン（これもステロイドの一種）を塗布した女性をお見合いパーティに出席させた。お見合いパーティをご存じないかたのために説明すると、これは超多忙でお相手探しもままならない人のためのイベントだ。女性たちが着席しているテーブルを男性が次々とまわっていくのだが、ひとりの女性と話せるのは五分間だけ。時間が来ると、次の女性に移らなくてはならない。最後に各自が気にいった異性を書きだして主催者に提出し、相思相愛のカップルが成立したらその先に進んでもらう趣向になっている。ひと晩に十数人の異性と会い、好みかどうかを短時間で評価する状況はこの種の実験にぴったりだ。

サクストンの実験では、ほかの匂いの影響とも比較するために、アンドロスタジエノンをクローブオイルに混ぜて使用した。被験者の女性は三つのグループに分けられ、それぞれクローブオイルとアンドロスタジエノン、クローブオイルのみ、水を上唇に塗布したのだ。こうすることで、クローブオイルの影響をはっきり分離させることが可能になる。

結果は驚くべきものだった。アンドロスタジエノンをつけたグループは、ほかのグループよりも高い評価を男性につけ、もう一度会いたいと積極的に働きかけたのだ。アンドロスタジエノンが脳の奥ふかくにひそむメカニズムに働きかけ、目の前にいるのっそりした男を実物以上にかっこよく見せたのだろう。現代にロマンスは成立しないなんて、いったい誰が言ったのか?

もてるのはリスクをとる男

万策尽きた男たちにも、可能性を広げる方法がひとつある。それはヒーローになることだ。少し前の話になるが、スー・ケリーという私の研究室の学生がある実験を行なった。被験者の女性たちにさまざまな男性の簡単な紹介文を読ませ、友達、長期的なパートナー、一夜かぎりの遊び相手の三通りで評価させる。紹介の内容は、退屈なぐらいまじめな性格で単調な仕事についているとか、福祉関係の仕事をしている、リスクを恐れないチャレンジャーといったことだ。女性たちは、他者のために奉仕できる人が長期的なパートナーにふさわしいと評価したが、一夜かぎりで遊ぶならチャレンジャーが一番人気だった。メイン大学のウィリアム・ファージングが行なった実験でも同様の結果が出ている。ここでは異なるタイプの男性について、伴侶としてどのくらい魅力的かを女性たちに評価してもらった。すると高評価を獲得したのはリスクを恐れないタイプだが、なかでもヒーロー・タイプのほうが圧倒的に人気があった。しかも好まれるのは中程度のリスクをとる男性だ。ここからわかるのは、男ならリスクを恐れない態度は売りになるということだ。でもやりすぎてはいけない。無謀な行動はすべてを台無しにする。

ところで男性は女性よりリスクを恐れないのだろうか？　一般的にはイエスだ。交通量の多い交差点での横断行動を観察した調査からそのことがわかる。男性はおおむね女性より高リスクをとる——つまり歩行者用信号が赤になっていて、車が近づいてきても横断歩道を渡ろうとする。これまでの話と総合すると、まわりに女性がいるときのほうが、渡る可能性が高いことになる。

すると、女はチャレンジ精神旺盛な男が好きだということを、男もわかっているのだろうか？　どうやら男は、女のハートを射止めるにはどのボタンを押せばいいか認識できているようだ。それをたしかめるため、スー・ケリーは実験に使用した紹介文を男性被験者に読ませて、女性にもてるのは誰か当てさせた。男性陣は女性の好みを強調しすぎる傾向があったとはいえ、なかなかの好成績をあげた。

実生活での勇敢な行動を、進化論の視点から探る研究も行なわれている。そのひとつが、アメリカのカーネギー・メダルの過去の受賞記録を調べたものだ。カーネギー・メダルとは、緊急事態に際して勇敢なふるまいを見せた民間人に贈られるものだが、記録を分析すると興味ぶかいパターンが浮かびあがってきた。男性受賞者が救出した（あるいは救出しようとした）のは若い女性が多く、女性受賞者が救ったのは血縁関係にある子どもだったのだ。言いかえれば、女性はわが子を生かすため、男性は子づくりのチャンスを増やすためにわが身を危険にさらしたということになる。やはり私の学生だったミナ・ライオンズは、さまざまな救出劇を報じたイギリスの新聞記事を分析した。すると救出者はほぼ全員が男性だが、社会的地位には偏りがあった。ヒーローになるのは裕福な男性ではなく、社会経済的に下層に属する男性なのである。ライオンズはその理由として、ヒーローになることで市場価値が高まり、伴侶を見つけやすくなるからではないかと推測している。

北アメリカのネイティブ・アメリカン、シャイアン族の歴史を振りかえると、これとよく似たことが起こっている。シャイアン族を率いる酋長は二人いた。「平和の酋長」は世襲制で若いうちに結婚し、戦いにはけっして加わらない。そして「戦いの酋長」は独身を貫き、いざ戦いとなると先頭に立って敵陣に乗りこみ、敗北するより死を選ぶ。戦いの酋長が妻をめとることもあるが、それは幾度もの戦闘を生きのびて、戦士としての名誉の誓いを撤回したあとの話だ。一九世紀後半の記録を見ると、平和の酋長を輩出する一族は社会の上層に位置していて、この一族出身の男が戦いの酋長に就任することはまずない。戦いの酋長になるのは孤児や下層の生まれの者だ。彼らはもともと結婚相手が見つかる可能性がとても低い。しかし戦いの酋長として成功すれば、つまり生命を長らえて名誉とともに引退し、社会に復帰した暁には、とても魅力的な存在になるのである。戦いの酋長は結婚生活がかなり短いにもかかわらず、平均すると子どもの数は平和の酋長より多い。

リスクを恐れない者が生殖で成功するのは、平和な現代イギリスでも通用する事実だ。リヴァプール大学で私の学生だったジゼル・パートリッジは、男性のリスク意識と、生涯に持った子どもの数を比較する調査を行なった。リスク意識は職業（たとえば消防士と事務職）とアンケート結果（スピードに対する考えかた、危険なレジャーをするかどうか）の両面から評価した。その結果、リスクをとる意識が高い男性は、そうでない男性より明らかに子どもの数が多かった。その理由ははっきりしないが（女性から見て魅力的なのか、それとも避妊しないからか）、事実は事実。リスクを恐れない男ほど、次の世代に貢献している。

自腹を切らないと女は寄ってこないのだ。

第9章　ずるいあなた（婚姻）

私のかつての同僚で、いまはカリフォルニア大学デーヴィス校にいるサンディ・ハーコートは、霊長類に関する興味ぶかい事実を発見した。単婚の種は多婚の種にくらべて、睾丸の体重比が小さいというのである。進化生物学の観点からすれば、その理由は明白だ。不特定のメスと生殖するシステムでは、自分が交尾するときにメスが排卵しているとはかぎらない。自分の子を残すチャンスを最大にするためには、精子をできるだけたくさん放出して、自分より前に交尾したオスの精子を押しながすか、メスの排卵期を見定めて交尾するしかない。大量の精子をつくるためには、大きい睾丸が必要なのである。ハーコートが作成した霊長類の比較グラフでは、ヒトはちょうど真ん中に位置している。つまり完全に単婚でもないし、かといって多婚にもなりきれないという中途半端な立場だ。私たちの本能はいったいどちらなのだろう？

単婚のジレンマ

キリスト教は結婚のときに誓いを立てさせることで、人間は一夫一婦だという概念を植えつけてきた。それなのになぜイギリスでは結婚したカップルの三分の一以上、アメリカでは半数が別れてしまうのか？　それだけではない。生まれてくる子どもの一五パーセントは、戸籍上の父親と血がつながっていないというデータもある。これを時代による変化と見る向きもあるだろう。家族的な価値観とか、伝統的な社会が崩壊しつつあるとか、人間関係にさえ「新しくて良いもの」をほしがる現代社会の病理だとか。しかし最近の生物学では、別の解釈も行なわれつつある。単婚は、脳にしっかりと根をおろした絶対不変の本能ではないという見かただ。というのは、いままで貞節の鑑とされていた動物も、状況が許せばよそ見をすることがわかってきたのである。

たとえば、南アメリカに生息するマーモセットやタマリンがそうだ。どちらも野生では単婚で、オスも子育てに参加する。ところがオスがつがいの相手から離れて、いろんなメスをとっかえひっかえすることがあるのだ。「離婚率」はけっこう高く、ひとつの集団で成立したつがい全体の四分の一～三分の一がパートナーとの関係を解消する。こうした行動の変化は、メスがたくさん死んで、オスがあぶれたときに起こりやすい。つがいになれなかったオスは、よその赤ん坊の育児を積極的に手伝ってやる。するとほんとうの父親であるオスは、母子から離れて新しい相手を探しはじめるのだ。いまのメスがふたたび妊娠可能になるまでしばらく時間がかかるが、別のメスならすぐに次の生殖に励める。子育てを手伝うオスにも見返りがあって、母親が次に発情したときに交尾させてもらえる。メスのほうも、子どもの父親がよそのメスに走っても無関心な様子だ。子育てに参加してくれるオスがいさえすれば、血のつながりは関係ないのである。

メス乗りかえ戦略を実行できるオスは、特定のメスとつがいになるオスとくらべて、子どもの数が最高で二倍になる。メスのほうは、相手がどちらのタイプのオスでも損得のちがいは出ない。育児の協力さえ得られればそれでよしだ。オスはこうした柔軟な行動パターンをとることで、メス不足に乗じて生殖の成功率を高めていると言える。これは状況の変化に対応した結果だが、そうした変化がなくても、単婚の動物が臨機応変に行動すればそれなりの利益があると思われる。本来は単婚の動物でも、メスがよそのオスに走ったり、こっそり隠れて浮気したり、「離婚」したりする例はたくさんある。それは、いわゆる「単婚のジレンマ」を克服しようという試みなのである。

哺乳類のなかで単婚の動物はかなりの少数派だ。霊長類やイヌ科（オオカミ、ジャッカル、キツネ）など全体の五パーセントを占めるにすぎない。そのいっぽう単婚が基本となっているのが鳥類で、すべての種のおよそ九〇パーセントが、少なくとも繁殖期だけは単婚になる。一見するとまことに喜ばしいかぎりだが、その幻想は一〇年ほど前の研究で吹きとんだ。DNAフィンガープリンティングという新しい技術で分析したところ、単婚とされる鳥が産んだ卵の五分の一は、パートナー以外のオスが父親であることが判明したのだ。父親は血のつながらないヒナにもせっせと食べ物を運んでいるのである。

　これはいったいどういうことなのか？　これまで行動生態学の世界では、単婚を成立させているのは協力関係だということになっていた。しかし研究者は従来の交尾戦略観を見なおし、コインの裏側に目を向ける必要に迫られている。つまり協力関係には、搾取されるリスクがかならず付きものなのだ。単婚のオスは、パートナーが産んだ子の父親がほんとうに自分なのか確信が持てない。協力を前提とするシステムには、ただ乗り戦略がつきものだ。育児のコストは別の誰かにまんまと背負わせ、自分は利益だけいただく。決まったパートナーとの関係を続けるかぎり、ただ乗りされるリスクはつねに背中あわせだ。かといって新しいメスに走ると、母親だけではわが子を育てられないかもしれない。それが単婚のジレンマである。

　だが、あれもこれも手に入れたいのがオスというもの。だから進化の過程で、新しいメスとも交尾できるし、なおかつよそのオスの子を育てずにすむというずるい戦略を発達させた。DNA解析によって婚外交尾の実態が明らかになったいま、研究者は従来の生殖活動のなかに、「反寝取られ」戦略の側面があることに注目しはじめている。なかでも有名なのが、ヨーロッパカヤクグリという地味な小鳥の例だ。ケンブリッジ大学のニック・デイヴィスらは、ヨーロッパカヤクグリのオスが巣に食べ物を運ぶ回数が、自分の血を引いたヒナの数に比例することを突きとめた。そんな離れわざをオスはいかにやってのけるのか？　種明かしは簡単で、産卵期にメスがオスの視界からいなくなる時間で判断しているのだ。巣を留守にしているあいだ、隣家のダンナと草むらでよろしくやっているかもしれないということだろう。

婚外交渉に神経をとがらせるのは人間も同じだ。離婚した男性が、DNA鑑定で子どもとの血縁関係を確認したがるのはその現われである。自分と血のつながらない子どもに養育費を払いたくないからだ。男たちの不安も無理はない。マンチェスター大学のロビン・ベイカーとマーク・ベリスは、イギリス人の妊娠の一〇〜一三パーセントは、パートナー以外の男性との性交渉によるものだという推計を発表した。計算のもとになったのは、重複性交渉の頻度に関する自己申告である。重複性交渉とは、排卵期の五日以内に、本来のパートナーおよびそれ以外の男性とセックスすることを言う。

不貞の芽を摘むために妻をハーレムに隔離したり、宗教的な理由で女性に画一的な服装をさせる地域もある。いずれもパートナーを監視する手段なわけだが、動物の世界にも似たような行動はたくさんある。自由な関係が好まれる社会にあっても、父親が誰かという話が問題になることは、男女ともに少なくとも潜在意識では了解されている。だから次章でも触れるように、生まれたばかりの赤ん坊が父親に似ていると周囲は言いたがる。赤ん坊はまちがいなくおまえの子だから、がんばって育てろと説得しているようにも聞こえる。

しかし、他人の子を育てる損得を進化面から細かく分析すると、妻の浮気疑惑に対して激怒するだけが能ではないことがわかる。血のつながらない子どもを育てるリスクはついてまわるが、パートナーとのあいだにできた子どもをみんなわが子として育てれば、パートナーと円満な関係が維持できて、将来の生殖機会も保証される。あまり詮索が過ぎると、猜疑心のかたまりになってしまうし、うんざりしたパートナーがもっと寛大な相手に乗りかえるかもしれない。よその子も受けいれて育てることは、オスが生殖するうえで背負わねばならないリスクなのだ。フロイトは抑圧の効用を軽く見すぎていたかもしれない。

メスが浮気して得なわけ

単婚のオスが外で遊ぶとどんな得があるかは容易に想像がつく。でもタンゴはひとりでは踊れない。相手のメスは婚外関係から何が得られるのだろう？　進化論を踏まえた最新の説明では、二つの可能性が考えられる。まずリスクの軽減。メスが理想とするのは、わが子に気前よく投資してくれるオスだ。望ましいのは財布がふくらんでいる男であり、繁殖なわばりが広いヨーロッパコマドリである。しかしメスは同時に、優秀な遺伝子もほしがる。それはクジャクなら尾羽、男なら顔つきの左右対称性（訳注――左右対称の顔つきの男はもてるし、実際に優秀な遺伝子の持ち主とされる。第19章も参照）で判断できる。ただ残念ながらこの世界は不完全だから、すべての分野で高得点のオスなどめったにいないし、いたとしてもライバルが多すぎる。そこでメスたちは両方からなるべくおいしいところを取るため、子育てに投資してくれるオスとふつうはつがいになる。生まれる子どものほとんどは彼が父親だが、それですべてではなく、優秀な遺伝子を持つオスが入りこむ余地も少しだけ残しておくのだ。

メスが婚外関係に走りたがるもうひとつの説明は、オスの気を惹くためというものだ。ストックホルム大学のマグヌス・エンクイストを中心とする研究チームは、メスが婚外関係をちらつかせてオスどうしを競わせていることを、簡単な数学モデルを使って示した。そうすることで、パートナーがよそのメスに走るのを防いでいるのだ。しかしやりすぎは禁物。マーティン・デイリー、マーゴ・ウィルソンが世界各国の犯罪データを集めて分析したところ、人間の配偶者殺しの大多数は不貞、もしくは不貞疑惑が引き金になっていた。パートナーに捨てられまいとして攻撃的になるのは男女ともに見られる傾向だが、暴走するのは男のほうが多い。

とはいうものの、オスとメスの一対一関係を維持するためには、嫉妬が重要な防衛線になる。南アメリカに生息するティティという単婚のサルは、メスが自分の知らないメスの接近に神経をとがらせ、追いはらったりする。私もクリップスプリンガーというアフリカ産のレイヨウの仲間を観察したとき、同様の行動を目の当たりにした。

スウェーデンにあるルンド大学のマリア・サンデルは、ホシムクドリである実験を行なった。産卵期、野生のつがいが使っている巣箱の近くに、知らないメスを入れた鳥かごを置くのである。新たなメスの出現にオスは色めきたつが、パートナーのメスはライバルに対して攻撃的だった。さらに重要なことに、ライバルへの攻撃性が強いメスほど、繁殖期を通じて決まったオスとの関係を維持できる傾向にあった。

ただ進化論的に言えば、生殖のチャンスが訪れたらすぐものにできるほうが有利だ。となると、新しくてより良い相手が現われることで、それまでの関係が崩壊しても不思議ではない。生涯決まった相手と添いとげるとされる白鳥でさえ、「離婚」はよくあることだ。ただ離婚率は種によって幅があるし、同じ種でも集団によってばらつきがある。現在コーネル大学に所属するアンドレ・ドントがベルギーのシジュウカラを調べたら、実につがいの半数以上が別れていた。関係解消を持ちかけるのは多くの場合メスで、しかも別れたあとのほうがたくさんヒナをかえしていた。オスのほうは、これほどいい目にはあっていないようだ。

鳥類の離婚原因としていちばん多いのは、子育ての失敗である。人間でも不妊は離婚の大きな要因のひとつであり、それはイスラム教徒だけにかぎらない（イスラム法では、子どもを産めない妻は離婚され、実家に帰されてもしかたがないことになっている。妻の不貞は死罪に相当することすらある）。ただ人間の場合もそうだが、鳥たちの離婚理由も不妊のほかにいろいろある。ネヴァダ大学リノ校のルイス・オリンが、北アメリカに生息するフタオビチドリを観察したところ、よそのつがいに割りこんで片方を追いだし、後釜に座る例が見られたという。グラスゴー大学のボブ・ファーネスは、海鳥のオオトウゾクカモメで同様の行動を確認している。こちらは「盗賊」の名にふさわしく、よそのつがいの片割れを激しく攻撃し、ときに死なせることもある。

ここから何か教訓を得るとしたら、すべての種にかならず当てはまる単純な規則はない、ということだろう。生物学の世界にも普遍的な原則は存在する。だが単婚や多婚、離婚のパターンは種によって、また種のなかでもさまざまで、環境や集団の状況によって変わってくる。けっこうな大きさの脳を持つ動物が——もちろんヒトも——なぜご立派な脳を持っているかというと、いま自分が置かれている状況で最大限有利になるよう行動を微調整するためだ。それは言いかえれば、行動戦略を方向転換できるような選択肢があるかということである。つがいになる相手を誰にするか、その関係をいつまで続けるかは、動物自身の選択だ。その背景には、いまのパートナーといっしょのほうが利益が大きいか、相手を変えたり、いろんな異性と微妙な駆けひきをするほうが得なのかといった判断が働いている。もちろんヒトだって例外ではない。

ヒトも単婚種のほかの動物と何ら変わりはない。オスは、メスがこれから産むすべての子どもの父親でありたいわけだが、それには慎重を要する。子づくりは押しつけるものではなく、協力しあうものだからだ。無理やりだとメスは逃げていくだろう。カリフォルニアに生息するイグアナの仲間、チャクワラの場合、オスがなわばりを守ることに必死で攻撃ばかりしていると、メスがなわばりに入ってこられないため交尾の回数が減る。ミシガン大学のバーバラ・スマッツの観察によると、ヒヒ社会でも攻撃性が強すぎるオスはメスに敬遠される。やさしく接してくれるオスのほうが好まれるのである。

愛の絆を深めにくい遺伝子

単婚動物の特徴でもあるオキシトシン、別名「愛着ホルモン」をめぐっては、これまでもマスコミがさかんに取りあげてきた。だがオキシトシンがそういう効果を発揮するのは、メスだけのようだ。オスに働きかけるのは、オキシトシンの仲間であるバソプレシンのほうだ。バソプレシンは、単婚種のオスの行動を制御するうえで重要な役割を果たしている。オスのラットの脳にバソプレシンを注入すると、攻撃性がやわらいでメスや子どもに対してやさしくなり、身体を密着させたがる。

ではヒトではどうなのだろう？　ただしヒトは単婚か多婚かの判定が容易ではない。だからヒトのオスはみんなバソプレシン濃度が高い（つまり単婚）というわけではなく、多婚的な行動に関して個人差があると言ったほうがいいだろう。

ストックホルムにあるカロリンスカ研究所のハッセ・ワルムらは、スウェーデン人のふたご五五二人を対象に、バソプレシン受容体遺伝子と結婚生活の関係を探ってみた。ここでバソプレシン受容体にかかわる領域の遺伝子をくわしく調べてみたところ、RS3という部位が、パートナーへの愛着度と密接に関係してることがわかった。さらにこの部位で見つかった一一種類の遺伝子変異のうち、いちばん関係が深いのが対立遺伝子334と呼ばれるものだった。

対立遺伝子334のコピーをひとつか二つ持っている（つまり父母のどちらか、あるいは両親から受けついだということだ）男性は、残り一〇種類の対立遺伝子のコピーを二つ持っている男性よりも、パートナー愛着度が低かった。またパートナーと同棲しているものの、正式に結婚していない人が多かった――責任を引きうけていない証拠だ。またダブル334の男性の三分の一（三三パーセント）は、過去一年間に結婚生活で何らかのストレスを経験していた。シングル334、および334を持たない男性でストレスを感じた人はそれぞれ一六パーセント、一五パーセントである。ちなみに調査対象の男性は全員が女性との安定した関係を最低五年間続けていて、少なくともひとりは子どもがいた。

スウェーデンのこの調査では、対立遺伝子334をダブルで持つ男性は全体の約四パーセント、シングルの男性は三六パーセントだった。つまり残りの三分の二は、一夫一婦の関係に適した誠実なパートナーということになる。334ダブルの完全なる遊び人の割合は小さいとはいえ、およそ三分の一は結婚相手に選ぶのは危険な賭けだ。カナダのケベック州でダニエル・ペルッセが行なった調査でも同様の結果が出ている。この調査では、ケベック州の男性の約三分の一は常習的な多婚者で、三分の二は単婚者（少なくとも決まった相手がいるあいだは）であることが判明した。

私がケベック州の調査をさらに掘りさげたところ、多婚型の男性が生涯につくる子どもの数は、単婚型の男性より多いことが判明した（セックス頻度と、セックス一回当たりの妊娠可能性をもとに計算）。さらに多婚型と単婚型が残す子どもの数の差は、両者の人口比ときれいに一致していたのである。どうやら単婚と多婚は、進化がつくりだしたバランスのとれた形態のようだ。異なる戦略による利益やコストのちがいも、世代をいくつも重ねることでおおよその均衡が成りたっているのだろう。

これらの調査結果から、「男を単婚型にする」のはバソプレシン関係の遺伝子だと結論づけたくなるが、それは的はずれだ。遺伝的形質はそんなに単純なものではない。私たちのとる行動は、遺伝子が敷設した傾向が引きおこしたものであって、遺伝子そのものの作用ではないからだ。ドミニック・ジョンソン（現在はエディンバラ大学所属）のグループが行なった最近の研究では、RS3遺伝子を持つ男性は脅威を感じる状況で攻撃的な反応をしやすいという結果が出ている。そうした男性は、欲求不満がちょっと高まっただけでも自制心を失いやすいだろう。つまり対立遺伝子334の持ち主は、遺伝的に多婚なのではなく、考えなしに行動するタイプということなのだ。

いろいろ考えると、男性一〇人のなかから適当に選んでも、誠実なパートナーになれるのが六人はいるということだ。もっと賢く選択したいなら、相手にタバコを勧めよう。そして吸いがらに残った唾液を、DNA鑑定にかけるのだ。もしRS3に対立遺伝子334が見つかったら、ちょっと考えたほうがいい。もしダブルで見つかったら、ぜったいにやめるべきだ。

Part III

環境や人類とのつながり

第10章　進化の傷跡（肌の色・体質）

ダーウィンが『人間の由来と性淘汰』で書いたように、長い進化史の産物である私たちには、その傷跡がいまも残っている。なかには意外なほど新しい歴史の名残もある。たとえば肌の色ができあがったのはせいぜい数万年前、アフリカから全世界に広がった人類の大移動をきっかけに、遺伝子が変異したためだ。そうかと思えば系統樹をずっとさかのぼった、より初期の種に由来するものもある。早産傾向もそのひとつで、これはほかの霊長類にはない特徴だ。哺乳類ではめったに見られない、オスの子育て参加をうながすためにそうなったのだと考えられる。子育てというと、次に連想するのはミルクだ。子どもにミルクで栄養を与えるというのは、哺乳類の発明である。

ミルクとの愛憎関係

ある程度の年代の人なら、学校での朝の儀式を覚えていることだろう。校庭で遊びたくてうずうずしているところに配られる小さな牛乳びん……このせいで貴重な遊び時間が削られたものだ。冬は凍ってアイスキャンデー一歩手前、夏は凝固してチーズの一歩手前だった。それでも私たちはありがたく飲みほしたし、ときにはおいしいと思うこともあった。しかし、あなたは知っていただろうか？　そんな風に飲める自分が実は少数派だということに。世界のほとんどの人は、ミルクを飲むと体調が悪くなってしまうのだ。

彼らは病気などではない。むしろ異常なのはミルクを平気で飲めるほうなのである。現生人類のなかで、ミルクの乳糖を分解する酵素、ラクターゼを分泌する人はごく一部だけだ。もちろん赤ん坊のときは誰でもミルクを飲んで消化している。ところがラクターゼ分泌に関わる遺伝子は、離乳期とともに働くのをやめてしまうのだ。それ以降はミルクと乳製品は消化できないものになり、無理に摂取すると最悪の場合生命にも関わることになる。

この事実が判明したのは、第二次世界大戦中のことだった。ミルクは欧米の食文化の柱だし、たんぱく質に富み、骨の成長を助けるカルシウムが豊富で、カロリーも充分にある。ミルクの価値を疑う者はひとりもいなかった。栄養不良に苦しむ貧しい人びとに、アメリカ政府がミルク支給を思いついたのも当然の成りゆきだ。ところが結果はまるで逆になった。ミルクを飲んだ黒人の子どもたちは下痢を起こし、体重が減るいっぽうだった。幸い死に至る例はほとんどなかったものの、善意からはじまったこの援助がもう少し長く続いていたら、悲劇は避けられなかっただろう。

科学者たちは首をひねりながら原因を探った。そして判明したのは、離乳後に新鮮なミルクを消化できる能力は、いわゆる白人人種であるコーカソイド（なかでも北欧人）と、サハラ砂漠南縁に暮らす一部の牧畜民にしかない事実だった。それ以外の人びとにとって、ミルクはやっかいな飲み物でしかなかったのだ。彼らが食べるのは、ミルクを加工したヨーグルトやチーズであり、飲むときは徹底的に加熱していた。

アフリカの飢饉を救うために粉乳を送ることが賢明かどうか、これでわかるだろう。そんな状況で大量のミルクを人びとに飲ませたら、事態は悪化するに決まっている。飢えで弱っている子どもはひとたまりもない。

高緯度とカルシウム

ミルクとの相性は、高緯度になるほど日ざしが弱くなることに関係している。北国に住む人ならよくわかっている。問題はビタミンDという、私たちに欠かせない栄養素だ。ビタミンDを自前で生成するには、皮膚が紫外線を浴びなくてはならない。その過程にはカルシウムも関与していて、とくに日照時間が少ない北の地域では、大量のカルシウムを消費してビタミンD生成を効率的に行なう必要がある。北国の人は肌の色が薄いが、それはできるだけ多くの紫外線を通過させるため。反対に熱帯のように日ざしが強烈な地域では、紫外線の害のほうが心配になる。そのため表皮の下に厚いメラニン層をつくって紫外線の通過を防ぐ。だから肌の色が浅黒くなる。

乳糖が消化できるかどうかは、遺伝子のたったひとつの変異で決まる——ラクターゼ分泌に関わる遺伝子のスイッチが入るかどうかということだ。ふつうは離乳期に入るときにこのスイッチがオフになって乳糖が消化できなくなる。遺伝子的にはさほど大きい変化ではない。ただし遺伝子だけが変わればいいというものでもなく、カルシウム源としてミルクを飲む食習慣とか、乳用家畜の飼育といったことも関わってくる。

高緯度での生活には、熱帯にはない別の悩みもある——それは季節だ。熱帯では一年を通じて作物が栽培できる。時期をずらしながら種をまき、収穫を続けることも可能だ。しかし北に行くにつれて季節の変化が顕著になるので、栽培期は短い。残りの期間は収穫なしで耐えねばならない。手持ちの家畜を減らすことなく食いつなぐには、ミルクに頼るしかない。乳を出す家畜は歩く食料庫なのだ。

サハラ砂漠南縁の乾燥地帯に暮らす牧畜民、フラニ族に乳糖耐性がある理由もこれでわかる。この一帯はいまも昔も飢饉と背中あわせだ。食べ物が底を突いたとき、しぼってもまた出てくるミルクがいかに貴重な栄養源になることか。

肌の色を決めるビタミン

肌の色を語るときに決まって出てくる疑問がある。なぜ熱帯の人びとは、高緯度の人にくらべて色黒なのかということだ。先ほど私は、有害な紫外線をとりこまないためではないかと書いたが、カリフォルニア科学アカデミーのニーナ・ジャブロンスキーとジョージ・チャップリンはこの疑問にひとつの答えを出した。

ジャブロンスキーたちは、北半球と南半球に暮らす民族のさまざまな肌色のバリエーションを調べた。すると北半球で七七パーセント、南半球で七〇パーセントの肌色に関して、紫外線量との相関関係があることがわかった。紫外線は皮膚細胞を傷つけて皮膚ガンを引きおこすので、最近では海辺などでの入念な対策が叫ばれている。紫外線量は赤道から南北に離れるほど減っていく。地球は丸く、太陽は赤道の真上に位置しているので、南北ほど太陽光線が大気層を通過する距離が長くなるからだ。大気は太陽光線を吸収するので、北極や南極に近づくほど地表に達する紫外線は少なくなる。

とはいえ紫外線量は緯度だけで決まるわけではない。中緯度地域でも、チベット高原や南米のアンデス高原のように高度があるところでは、太陽光線を吸収する大気が少ないぶん紫外線量が増える。雲に含まれる水蒸気も紫外線をカットする働きがある。チリのアタカマ砂漠、アメリカ南西部の砂漠地帯、アフリカの角と呼ばれる北東部の突出地帯（訳注――ソマリア、エチオピアの一部などを占める半島）の紫外線量が多いのは、乾燥気候で雲がほとんど出ないからだ。

ジャブロンスキーとチャップリンは、人の肌色にこれほどバリエーションができた背景には、皮膚ガンよりもむしろ二種類のビタミンの綱引きがあると考える。まずひとつはビタミンB（葉酸）。黒い肌色のもとはメラニン細胞で、皮膚に含まれるビタミンBが太陽光線で破壊されるのを防いでいる。ヒトを含むすべての霊長類は、ビタミンBを体内で生成することができない。体内生成できる動物の肉などを食べて摂取するしかないのだ。そのため過度に日光を浴びていると、ビタミンB不足の危険がしのびよってくる。

これと正反対なのがビタミンDだ。カルシウムを吸収し、丈夫な骨をつくるのに欠かせないビタミンDは、皮膚細胞が太陽光線を浴びることで生成される。しかし日ざしが少ない高緯度地方では、メラニン細胞の多い黒い肌の人は充分にビタミンDをつくることができない。南アフリカの子どもはサプリメントでビタミンDを補給するが、生まれつきメラニンが欠乏しているアルビノ（先天性白皮症）の子は、肌の黒い子ほどサプリメントを飲まなくてもいい。だから北のほうに暮らす人ほど、肌が白くなる（ただし南半球は熱帯をのぞくとほとんど海なので、同じ高緯度でも肌が白い民族は出現しなかった。それでもアフリカ南部に古くから暮らすサン族はブロンズ色に近い肌色をしていて、数百年前にアフリカ南部に移りすんだズールー族は肌が黒い）。

ジャブロンスキーとチャップリンの説に有利な事実がもうひとつある。アフリカ人をはじめあらゆる人種で、女性と赤ん坊は肌色が薄いことだ。女性は妊娠期から授乳期にかけて、カルシウムとビタミンDを大量に使う。伝統的な社会では、成人女性はそのどちらかの状態にあることがほとんどだったから、ビタミンD生成能力を高める必要があった。

実にまとまりのよい説明だが、それでも疑問がないわけではない。肌色と紫外線量の関係性が、北半球と南半球で異なるのはなぜか？　ビタミンBとDは身体に欠かせない重要なものなのに、関係が一〇〇パーセントにならないのはなぜか？

この二つの疑問には、歴史と文化が答えてくれるだろう。博識を誇る生物学者ジャレド・ダイアモンドは、肌色が「場違い」な人びとは、それほど遠くない過去にかなり長距離の移住をしたのではないかと指摘する。たとえばアフリカ南部のバントゥー族の肌が黒いのは、数百年ほど前にアフリカ西部の赤道付近から移ってきたばかりだからだ。東南アジアのフィリピン人、カンボジア人、ヴェトナム人が緯度のわりに明るい色の肌をしているのも、彼らマレー系住民の起源は中国南部で、二〇〇〇年ほど前にそれぞれの土地に移住したからである。これらの国にはネグリトと呼ばれる先住民族もいて、彼らは肌が浅黒い。

そうなると例外的な存在として注目されるのがエスキモーだ。彼らは北極圏に住んでいるわりに肌が浅黒いが、それにはちゃんと理由がある。エスキモーの主な食料源はアシカなどの海洋哺乳動物やホッキョクグマだ。エスキモーの大好物はこれらの動物の肝臓だが、それにはビタミンDが豊富に含まれている。食べ物から充分摂取できるので、ビタミンDの心配はない。そこでビタミンBが太陽光線で破壊されないよう、赤銅色の肌色が保たれることになった。

私たちは肌の色をもとに、近い祖先がどこに住んでいたかを推測する。ただし肌色が変化するスピードは、進化全体の流れからするとけたちがいに速い。現代ヨーロッパ人の祖先がいわゆる北欧に落ちついたのは最後の氷河期が終わってからで、ほんの一万年前のこと。スカンディナヴィア人の金髪碧眼は歴史がとても浅いのだ。

赤ん坊は父親似と思いたい

赤ん坊はかわいい。両親や祖父母からすればなおさらだ。でもそれでいい。なぜならヒトの赤ん坊はとても未熟な状態で生まれてくるからだ。哺乳類全体に言えることだが、妊娠期間を決めるのは脳の大きさだ。脳組織が増える速度は一定なので、脳を大きくしたければそれだけ時間をかけるしかない。そのため脳が大きい種は妊娠期間が長いのがふつうだ。生まれおちるタイミングは赤ん坊自身が決める。

ただヒトの場合、この脳の大きさがやっかいなのだ。ほかの哺乳類を基準にすると、ヒトの妊娠期間は二一か月なくてはならない。でもご存じのとおり、実際はたった九か月ほどしかない。その理由は明白で、私たちのご先祖は脳を大きくする数百万年前に、まずは直立歩行をしようと決意したからだ。こうしてヒトの骨盤は、サルや類人猿の縦長の骨盤から離れ、独特のお椀形へと進化していった。骨盤がお椀形だと上半身と頭、とくに大きく発達した脳をバランスよく支えるのに好都合だ。同じヒト属の最古の祖先であるホモ・エレクトスが二本脚で歩きはじめ、長距離移動が可能になったころ、つまり少なくとも二〇〇万年前に骨盤はこの形になった。

進化につきものの悩み、それは完璧な構造を設計するのは不可能だということだ。ヒトの場合、長距離歩行と引きかえに犠牲になったのが腰である。もちろん進化の過程で、背骨の下半分をきわめ強固なものにするとか、ものすごく太く大きい骨にするとかいった工夫もないわけではなかった。

でもそうなると体重が重すぎて自力歩行はできないし、身体の柔軟性も失われただろう。背骨の柔軟性がなければ、私たちはいまのように歩いたり走ったりできない。クリケット投手は自慢の速球を投げられないし、ご先祖さまも槍で獲物をしとめられなかった。異なる二つの世界をいいとこどりした結果、ヒトはぎっくり腰という爆弾を抱えることになったのだ。

それから何百万年かたち、脳を大きくしようとしたご先祖さまはまたしても壁に突きあたった。お椀形の骨盤だと産道がとても狭いのだ。無理やり通そうとすると赤ん坊の脳が……。

この段階で選択肢はかぎられていた。もちろん回れ右して脳を大きくすることをあきらめる手もある。だいたいそんな大きな脳みそ、誰が使うんだ？ ただそうなったら、私たちは進化のニッチにとどまっていただろう。いや、このころ気候が大きく変動していて、絶滅への下り坂を転げおちていた大型類人猿もいたから、ヒトも同じ運命をたどったかもしれない。生きのこるためには新しい環境のニッチに適応しなければならないが、それは大きな脳を持ってはじめて可能になったのだ。

こうしてご先祖さまがたどりついた解決策、それは胎児が母親のおなかにいる期間を大幅に短縮することだった……本来ならば二一か月必要なところが、九か月になった。ただこれには代償がともなった。生まれてくる赤ん坊が未熟で無力なのだ。サルや類人猿の赤ん坊は、誕生して数時間、長くて数日もすれば活発に動きまわるようになるが、ヒトの赤ん坊がそうなるには丸一年かかる

——失われた一二か月である。

だからヒトの赤ん坊は、たとえ月満ちて生まれても無事に育つかどうか危うい。早産で誕生した場合はなおさらだ。過去一〇年前後のデータでは、早産の赤ん坊がのちのち発達面の困難（成績不振や身体的な問題など）に直面する割合はとても高いという。もちろん早産の子がみんなそうなるわけではないが、リスクが大きいのだ。

ヒトの赤ん坊は、生まれて一年間は肉と骨のかたまりでしかないので、細心の注意で育てていかねばならない。世話をする者にはかなりの負担だ。赤ん坊にあらがいがたい魅力がたくさんあるのは、確実に面倒を見てもらうためでもある。ただそこでまた新たな悩みが生じる。母親からすると、男がそばにいてくれると何かと助かるが、もし赤ん坊がその男の子どもでないと面倒なことになる。こういう場合の選択肢は二つ。赤ん坊を父親そっくりの顔にするか、似ても似つかぬ顔にするか。男がほんとうの父親であれば前者で問題ないが、残念ながらいつもそうとはかぎらないから、無難なのは後者だろう。だからヒトもそちらを選択した。ヒトの赤ん坊はどれも同じような顔つきをしている。瞳の色も白人なら最初はみんなブルーだから、父親は邪推をしなくてすむ。ブラウンやグリーンに変わっていくのは大きくなってからだ。

さらに念には念をということで、心理的な側面でも後押しする。新生児に接する機会があったら——できれば自分の子でないほうがいい——、周囲の人たちの感想に耳を傾けてみよう。カナダのマクマスター大学でマーティン・ダリーとサンドラ・ウィルソンが行なった研究では、新生児と母親、母親の両親がいるところに父親が入ってくると、目・鼻・額・あご……がいかに父親似かという話題に急に切りかわるという。メキシコでの研究でも同様の結果が報告されていた。しかし正直なところ、どう見ても新生児に父親の面影などない。もちろん話すほうもそんなつもりはなくて、お父さんにこれからがんばってもらうための動機づけを提供しているのだ。それでいいのである。きっと。

ややこしい性別

はっきり言わせてもらおう。私は性の魅力にとりつかれている。生物学的な進化のなかで、これほど複雑に発達したものはほかにない。何が複雑かというと、性別がらみで生じるややこしい人間関係もそうだが、私が言いたいのは生物学的なことだ。性別はX染色体とY染色体がどうこうして決まるだけではないのか。少なくとも学校ではそう教わったし、あながちまちがいでもない。ごく標準的な哺乳類である人間は、父親からX染色体かY染色体のどちらかをもらい、母親からのX染色体といっしょになることで性別が決定する。XXなら女、XYなら男。たしかに単純そのものだ。でも実際のところはもう少し複雑になる。性染色体は話の一部でしかない。XYだからといって、かならずしも男になるとはかぎらないのである。

あらゆる要素が正しいタイミングであるべきところにおさまらないと、男にはなれない。それはいわば「男になるための競争」であり、競争から脱落すると性染色体に関係なく女になる。胎児の身体は、初期設定では女モードになっている。性染色体がＸＹの胎児が初期設定から男モードに切りかわるためには、早い段階で生成されるある種の脂肪細胞が一定量に増えなくてはならない。その脂肪細胞が引き金となってテストステロンが分泌されると、胎児の脳は男モードに切りかわり、さらに脳の指令で身体のほかの部分も男になっていくのだ。

そもそも染色体の段階からややこしいことになったりもする。両親の染色体が混ざりあう過程で失敗すると、Ｘｏ（Ｘ染色体しかない）、ＸＸＹ、ＸＸＹＹ、ＸＸＸＹＹ、ＸＹＹ（スーパー男性と呼ばれる）といった染色体異常が発生するのだ。ただしＸ染色体が欠けたＹｏはありえない。Ｙ染色体はとてもちっぽけだ。しかもそのＤＮＡはごく一部分しか機能しておらず、初期設定の女モードを男モードに切りかえる仕事をするだけ。だからＸ染色体がないと、そもそも初期設定が成立しないので、残念ながら強制終了ということになる。ＸＹ染色体の数が狂うと、深刻な障害や異常を引きおこす。ただ幸いにというか、起こる割合はとても低い。

もっともこれは哺乳類に限定した場合の話であって、範囲をそれ以外にも広げると一筋縄ではいかなくなる。鳥やチョウ、両生類は哺乳類と逆で、鳥の場合、卵を産むのはＸＹ染色体を持つほうだ。派手な羽を見せびらかし、きれいな声で鳴き、なわばりを守るのにやっきになるのはＸＸなのである。混乱を避けるために専門家はＷ染色体、Ｚ染色体と言いかえているが、哺乳類と正反対である事実は変わらない。こうなったのは偶然の産物で、性別の決めかたに「王道」があるわけではない。

もっとすごい例もある。カメやワニは、卵がかえるときの周囲の気温で性別が決まる。しかもワニは暖かいとオス、涼しいとメスになるのに対し、カメはその逆。ミツバチのメスは染色体を二セット持っているが、オスは無精卵から生まれるので一セットだけ。サンゴ礁を住みかとするベラ科の魚は、社会的な状況で性別が決まる。生まれたときはみんなメスだが、オスがいないコミュニティでは、女ボス的な立場のメスがたちまちオスへと変身する。彼女（いや彼か？）が死ぬと、次にトップに立ったメスがオス化して子づくりに励むのだ。まさに「人生の転機」というやつだ。

だが性別に関していちばん奇妙な生態を持つのは、地中海などに生息する長さ一〇センチほどのボネリムシだろう。卵から孵化した幼生の段階では、雌雄はまだ決まっていない。海中を漂い、岩などにくっついたところでメスになる。ところがメスのボネリムシに食べられた幼生は、メスの体内に定着してオスに変化し、そのまま一生をメスのなかですごすのだ。メスはこんな風にして、一度に二〇匹ほどのオスを「飼う」こともある。

やはり性は魅力にあふれている。

第11章　進化の邪魔をするやつはどいつだ？（進化と欲望）

医療は責任の重い仕事だ。病気、障害、死は生物としての必然だが、何とかしてそれを避けたい私たちは医療に身をゆだねるしかない。いまや医学は高度に発達して、奇跡さえも起こせそうな勢いだ。ただ奇跡と言っても、目先の欲求を満たすだけのことが多い。私たちが求めるのは当面の悩みをなくすことだ。その解決策が長期的には深刻な問題を引きおこすかもしれないのだが、そうした危険性には目もくれない。

人間は過去から何も学んでいないように思える。一九五〇年代、ＤＤＴとペニシリンは世紀の薬としてもてはやされていた。マラリアから感染症まで、毎年何万人もの生命を奪っていた病気ともこれでおさらばだ。こうして熱帯にＤＤＴが大量にまかれ、人間だけでなく家畜にもペニシリンが投与された。だが進化の推進力である自然淘汰は、すぐにこの努力を出しぬいた。そのつもりはなかったにせよ、私たちはわずか十数年で、ＤＤＴ耐性を持つ蚊、ペニシリン耐性のあるバクテリア、さらにはMRSA(メチシリン耐性黄色ブドウ球菌)をまんまとあらしめてしまうのだ。その危険性にくらべると、もとの感染症などおままごとに過ぎない。教訓——進化への介入はかならずしも賢明とは言えない。ことに、自然淘汰による進化の原理を知らない者が手を出すべきではない。実際のところ、医薬関係者のほとんどは進化論を正しく理解していないのである。

病原体を防ぐ言語共同体

ひょっとすると現代の私たちは、次々と登場するやっかいな新病に包囲されつつある？　ひょっとしなくても、もはやそれは事実だ。一九四〇年以降に発生した三三五種類の新病を分析したところ、発生頻度は年を追うごとに高まっていることがわかった。過去半世紀だけを見ても、新病の発生数は一〇年ごとに三〜四倍に増えている。有名どころではMRSAなど抗生物質が効かない「スーパー細菌」、重症急性呼吸器症候群(SARS)、AIDS、薬剤耐性マラリアなどがある。マラリアはもともと毎年五億一五〇〇万人が新たに発症し、一〇〇〜二〇〇万人が死亡する恐ろしい病気だ。しかも死者のほとんどは子どもなので、耐性マラリアは最悪の事態を招きかねない。

こうした新病の五二パーセントはバクテリア起源のもので、ウイルスや狂牛病でおなじみのプリオンによる病気は、当初思われていたよりはるかに少なかった。まったく新しい病気が出現するというより、従来の病気が薬剤耐性をつけて再登場した例が多い。攻撃を受けた微生物の進化スピードはすさまじいものがある。私たちは抗生物質などの薬剤をあまりに気前よく、そして見境なく使いまくって、自分の首を絞める結果になったのだ。

新しく勃発した病気の六〇パーセントは人畜共通病原体によるもので、さらにその病原体の七〇パーセントは野生動物に由来する。世界を震撼させたエボラ出血熱、ＡＩＤＳ、ＳＡＲＳ、ニパウイルス感染症（フルーツコウモリが宿主のウイルスで、一九九九年にマレーシアの養豚農家で発生し、一〇五人が死亡した）はいずれも、野生動物が持っていたウイルスが種の垣根を飛びこえてヒトに感染した例だ。

もちろん、これはいまにはじまった話ではない。かつて高死亡率で恐れられた病気の多くは、何千年も前に飼育がはじまった家畜とか、住居に入りこんだネズミの類がもたらしたものだ。水疱瘡、牛痘（および天然痘）、麻疹（はしか）、狂犬病、ラッサ熱、出血熱などは、それぞれのウイルスの宿主である動物と、人間の生活が接近したことで引きおこされた。

これら歴史的な感染症はどれも熱帯で発生したために、熱帯は居住には適さない不健康な土地だという認識が長いあいだ続いていた――免疫を発達させている人種グループは別として。その代表的な例が、西アフリカのバントゥー族と鎌状赤血球貧血だ。赤血球が鎌状になるのは遺伝的に劣性形質だが、マラリア原虫への抵抗性を持つ。ただし父親と母親の両方からこの形質を受けついでしまうと、激痛をともなうさまざまな症状に苦しめられ、一〇代で死亡することが多い。

熱帯に恐ろしい病気が多いという事実は、世界の言語分布に見られる興味深い特徴とも関係があるだろう。高緯度地方にくらべると、赤道付近は言語密度がとても高く、言語共同体（同じ母語を共有するコミュニティ）の規模が小さい。その理由のひとつとして挙げられるのが病原体だ。病原体が蔓延している地域で交差感染を防ぐためというのである。たしかに話す言葉がちがえば接触の機会は減るので、感染のリスクも小さくなる。遺伝などによる抵抗性を持たない人びとは、こじんまりとした内向き社会をつくり、よそ者を排除することで病気を防ぐしかなかったのだろう。ちなみに宗教の分布でも同様のパターンが見られる。ニューメキシコ大学のランディ・ソーンヒルのグループが行なった調査では、寄生生物の負荷量が高い地域（ほとんどが熱帯）の人びとは、そうでない地域（高緯度地域が中心）よりも信仰心が強いという結果が出た。

新病の多くは熱帯起源ではあるが、それが大発生するのは亜熱帯であることが多い。これは人口密度が唯一の要因だからだろう。ユーラシアと北アメリカでは経済が発展しているので人口密度が高い。当然のことながら言語共同体も規模が大きいから、（いろんな意味での）相互接触も多いはずだ。

野生生物に起源を持つ新病の割合が高いということは、新しい病気が発生したとき、まず疑ってかかるのはその地域の野生生物だろう。ここでも熱帯ならではの問題が出てくる。生物の固有種がたくさん存在する地域のことを生物多様性ホットスポットと呼ぶが、それが集中しているのはアフリカ、アジア、中央アメリカの発展途上国であり、疾病の監視や予防体制は行きとどいていない。発展途上国で発生した病気は例外なく対応が困難であり、いずれ先進世界にやってくることは避けられない。ならば先進諸国が支援を行なうべきではないだろうか。発展途上国への資金提供として、これほどまっとうな理由はほかにない。

つわりがあると良いこと

妊娠初期につわりで苦しんだことがある女性には、多少の慰めになるだろうか。妊娠三か月までに嘔吐を繰りかえしたり、特定の食べ物を受けつけなくなった経験がある女性は五人中四人もいる。あなただけではなかったのだ。このつわりを解消するために、効果の疑わしい薬が処方されたことがある――サリドマイドだ。医者連中はいつだって目先の症状しか見ない。サリドマイドはたしかにつわり止めの効果があったが、その先の影響を誰も考えなかった。こうして一九六〇年代に、サリドマイドによる悲惨な薬禍が引きおこされることになる。つわりは妊娠にともなうホルモン変化の副作用に過ぎない、というのが医学界の定説だった。ただの副作用なのだから、薬で止めればいいというわけだ。しかし進化の産物には、「ただの副作用」で片づけられないものも多い。そもそも妊娠自体はこれ以上ないくらい自然なプロセスなのに、なぜつわりのような忌まわしい副作用があるのだろう？

たしかに忌まわしいが、実はつわりはありがたいことなのだ――少なくとも生まれてくる赤ん坊にとっては。妊娠一四週までにつわりを経験した妊婦は流産の危険が明らかに低く、しかも大きくて健康な赤ん坊が産まれることが多い。進化生物学者としては、当然その理由を探ることになる。まず考えられるのは、母親の食事をめぐる胎児との闘争説。私たちは、おいしいからとか、気分がしゃきっとするとかいった理由で、弱いながらも毒性のある食品、さらには明らかな毒物さえも口にしている。アルコールしかり、コーヒー、トウガラシしかり。ブロッコリーもそうだ。そうした食品に含まれるのは多くが発ガン性物質なわけだが、催奇形性物質と呼ばれるものも少なくない。これは妊娠中に大量に摂取すると、胎児に異常を引きおこす恐れがある。

健康なおとなであれば、催奇性物質を少量摂取しても体内で薄まるので問題はない。けれども胎児はちっぽけだから、母親経由でほんの少し入ってきただけでも悪影響を受ける。だからつわりは、母親が胎児に良くないものを食べすぎないようにする働きだというのである。

つわりの嘔吐は、食べ物といっしょにとりこんだ有害細菌を体外に排出する作用だという説もある。いたんだ肉を口にすると、胃がむかむかしたり、もっとひどいときは下痢をしたりするが、いずれにしてもすぐ体調は快復する。ただしこれはおとなの話であって、母親なら平気な量でも胎児には大打撃だ。ことに危ないのは肉や乳製品だろう。

リヴァプール大学のクレイグ・ロバーツとジリアン・ペッパーは、つわりの頻度と食生活を世界各地で調査した。その結果、まずコーヒーなどの刺激物とアルコールとの関係が明らかになったが、それ以上に強い相関関係があったのは、実は肉、動物性脂肪、ミルク、卵、シーフードの消費量だった。穀類や豆類ではそうした関連はなかった。

この調査結果からすると、つわりは妊婦が感染症を未然に防ぐために進化したという説も納得できる。しかし肉や乳製品には、消化しやすい栄養素がたくさん含まれている。なぜそれを避けなくてはならないのか？　その答えは細菌だ。細菌汚染された肉や乳製品を食べると、流産の危険がある。穀類ではそうした心配はないので、妊娠中は穀類中心の食事をしたほうがよい。

ところでつわりの毒物排除説に関しては、否定的なデータもある。スパイス類を摂取する頻度が高いほど、つわりが軽いという関係が認められたのだ。スパイス類の多くに発ガン性物質が含まれているから、これは意外な事実である。だがアジアを旅した人なら実感できるように、あの激辛カレーでは悪い細菌も生きられないはずだ。実際のところ、スパイスは悪玉どころか立派な善玉なのだ。脳内鎮痛剤エンドルフィンの分泌をうながすことで、免疫システムの調節が促進され、病気にかかりにくくなるのである。

これから妊娠・出産をしようという女性は、肉と乳製品を控えたほうがつわり防止によさそうだ。スコットランドでよく食べる、ポリッジというオートミールがゆはまさにうってつけ。さらにチリソースを一滴落としてぴりっとさせれば食も進むというものだ。

死よりも大きな不安？

妊娠・出産をめぐる状況を見ていると、子どもを産めないことは死よりも大きな不安なのかと思ってしまう。不妊の苦悩、不妊治療に費やされる時間と費用は相当なものだ。二〇〇六年夏には、パッティ・ファラントという六二歳の女性が閉経後体外受精で妊娠し、玉のような男児を出産した。イギリスの最高齢出産記録である。これが科学の驚異でなくて何だろうか。おばあちゃんの年齢の女性に子育てができるのか、という素朴な疑問もあるが、彼女の挑戦はもっと根本的な問題を私たちに突きつける。

私たち人間は進化の産物だ。その過程で根をおろしたさまざまな欲求や感情は、進化ビジネスの最大の目的——次世代の遺伝子プールに自分の遺伝子を残すこと——を果たすためにある。ただ進化の各プロセスはもちろん、それを後押しする欲求や感情も、長い目で見てどうなるかということは考慮されていない。それぞれのタイムスケールで最大の利益を得ようとするだけだ。

目先の感情に押されて動く私たちは、強烈な欲望に抵抗して自重するべきなのだ。しかし、欲望をかなえてくれるテクノロジーがなまじ存在するだけに、ことは簡単ではない。その例は身近にいくらでも転がっている。たとえば食欲。糖分と脂肪たっぷりの食べ物はおいしいから、そのときは満足できる。でも長い目で見ると健康を害するだろう。スリルを味わいたいからといって、向こう見ずなセックスや冒険に走る。いずれは自分たちにはねかえってくるとわかっていながら、海洋資源の乱獲や森林の伐採をやめられない。

なかでもあらがいがたい欲望は、子どもがらみのものだろう。わが子を産んで世話をしたいという欲求は、進化によってどこまでも深く植えつけられている。ヒトの赤ん坊は、サルや類人猿よりうんと未熟な状態で生まれてくるから、それぐらいでないと無事に育てられないのだ。ただ動物とちがって、乳離れしたらそれで終わりではないところが悩ましい。わが子のためにいろいろしてやりたいという親の欲求は永遠に続く。

私たちはつい忘れがちだが、子どもを大きくすることだけが子育てではない。人間は社会性を極限まで高めている動物だ。わが子をなるべく有利な形で社会に送りだすことのほうが、進化の観点からはむしろ重要なのである。一〇代のころに社会性を身につけさせるのはもちろん、社会に出た直後も経済的な支援をしたり、成功するチャンスを与えたり、結婚相手を選んでやったりもする。こうした親の努力は、洗礼前に代父母（第3章を参照）を見つけるところから早くもはじまり、コネを駆使して就職先を見つけてやり、派手な結婚式を挙げてやるところで一段落する（そうあってほしいと親は願う）。でも、やがて孫が誕生すると、また一から努力がはじまるのだ。こうしてみると、子育ての苦労は四〇年間は続くと言っても言いすぎではなさそうだ。

さらに医学の発達で、昔なら生きのびることのできなかった赤ん坊も救えるようになった。親と医療者の思惑が一致して、「できるかぎりのことはやるべきだから」という理由がまかりとおっている。だが、それはつねに全員の利益になるのだろうか？　親はわが子のことで頭がいっぱい。医師は少ない可能性に賭けて結果を出すことにやっきになっている。どちらも長い目で見てどうなるかなんてことは眼中にない。未熟だけならまだしも、ほかに問題がある赤ん坊だと事態は深刻だ。無言の圧力に屈して、重度の障害を抱えた赤ん坊を救った結果、聖人君子でも背負いきれない重荷が何十年にもわたって家族にのしかかることになる。障害児を抱えた家庭は離婚率が高い。聖人君子の忍耐力が限界に達すると、障害児自身が心身の虐待を受けたり、場合によっては死に追いやられることもあるのだ。

どんなに条件が整った状況でも、生命をつくりだし、育てていくことはリスクそのものだ。「できることはやるべきだ」と肩ひじ張ることが、倫理的に正しいのかどうか。医学が人間の強い欲求の言いなりになっていいのか。進化の歴史を振りかえって教訓を得るとすれば、多くの場合その答えは「ノー」である。

中国が抱える時限爆弾

当たり前だが、進化のしっぺがえしは医療現場に限ったことではない。政治家が良かれと思って実行する社会政策も同様で、生物としての人間のありかたに政治が手を出すとろくなことはない。たとえばつい三〇年ほど前、急激な人口増を憂慮した中国政府は、悪名高い一人っ子政策を実施した。夫婦が持てる子どもはひとりだけで、それ以上は妊娠中絶しなければならない。血も涙もない政策だが、それでも中国は人口爆発を避けることはできた。出生率は一夜にして低下したのである。

だが中国政府の視点からは、進化が人間に与えてきた影響が抜けおちていた。そして起こったのが、人口爆発とはまったく異なる形の予想外の人口崩壊だった。もともと人口学の研究者は進化についても理解もしていなければ、興味もない人がほとんどなのだが、このときも重要な点が見逃されていたのだ。それは、夫婦は男の子をほしがるという事実だった。農業の働き手が不可欠な地方では、この傾向がとりわけ顕著だ。胎児の性別調べが安上がりにできることも手伝って、胎児が女だと判明した夫婦は人工中絶を選んだ。

それから二〇年弱の月日がたった現在、一人っ子政策がつくりだした時限爆弾がはっきりした形で姿を現わしている。中国の一〇〇大都市では、女性一〇〇人に対して男性一二五人といういびつな人口構成になっているのだ。新生児の正常な男女比は女児一〇〇人に対して男児一〇八人である。結婚可能な年代だけを見ると、中国全体で男性は女性より一八〇〇万人も多いという推計が出ている。二〇二〇年にはさらに差が広がって、三七〇〇万人の男性があぶれるだろう。これはかなり不穏な数字である。なぜなら彼女のいない男の子はろくなことをしないからだ。

アメリカ本土州を対象に実施された最近の調査では、離婚率とレイプ発生率のあいだに強い相関関係があることがわかった。ちなみに離婚後の再婚率は女性のほうが低い。ということは離婚したあと次のパートナーを見つけられず、不満をくすぶらせる男性が出てくるということだ。これだけでは根拠が弱いと思う読者のために、イギリスでの調査結果を紹介しよう。青年犯罪者の累犯可能性を予測する最も確実なものさしは、刑期を終えたあとに長期的なパートナーを得たかどうかなのである。はっきり言ってしまえば、彼女のいない男の子は社会の脅威なのだ。

これは、現代社会には誘惑が多いからといった話で片づくものではない。いまから六〇〇年前、ポルトガルの貴族たちもまったく同じ問題に直面していた。一四世紀末、ポルトガルでは分割相続（地所を子ども全員で均等に分けて相続する）をやめて長子相続（長子がすべてを相続する）になった。最大の理由は土地不足である。分割相続では地所が細切れになっていくので、つねに新しい土地を獲得していかないと先細りになる。それでは困るので、貴族たちは長男にすべてを継がせる道を選んだ。

ところがわずか数世代で、ポルトガルは別の悩みを抱えることになる。土地を相続できなかった次男以降の息子たちがグレはじめたのだ。土地なしの彼らは結婚することもできない（下層階級との結婚は許されなかった）。無頼の集団となった貴族の子弟たちは社会秩序を脅かすようになり、ついには国王が介入せざるを得なくなった。解決策として選ばれたのが、海外雄飛をうながすこと。コロンブス、ヴァスコ・ダ・ガマ、さらには世界一周をやりとげたマゼランに続けというわけだ。ヨーロッパの大航海時代は、食いつめた若い貴族たちが扉を開いたと言ってもいいだろう。この時代のポルトカル貴族の埋葬記録から、そのころの容赦ない現実を知ることができる。長男はたいていポルトガル国内の自分の地所で死んでいるが、一五〜一六世紀に入るころから、アフリカなど遠い異国で生涯を終える弟たちが増えるのだ。

もし生物としての自然の仕組みにまかせていたら、長期的には万事うまくいくはずだ。種の集団では数が少ない性の価値が高くなる、というのはダーウィン進化論の基本法則のひとつだ。だから長い目で見ると、性別構成比はおおよそ五〇対五〇になる。比率に偏りが出ると、少ないほうの性が自然と大事にされるので、徐々に数が増えてバランスが回復するのだ。ただ中国の場合、それだけで男女の比率を戻すにはとてつもない時間がかかる。へたをすると一〇〇〇年後かもしれない。すでに迫っている社会危機を乗りきるには、数十年単位で成果が出る対策が必要になる。

そのことを理解した中国政府はすぐに腰をあげた。近年は「女の子もいいもんだ」というキャンペーンを熱心に展開しているし、さらには胎児の性別を親に告げる診療所を厳罰に処するとまで言いだした。ただこうした対策にしても、一世代かそれ以上待たないと結果は出ない。それまでのあいだに、中国社会ではさまざまな問題が噴出するかもしれない。ここイギリスでも、不満をためこんだ若者たちは重大な社会問題だが、中国では一〇〜二〇年後にその数が四〇〇〇万人へとふくれあがる。しかも帝国主義の時代は遠い昔だから、海外雄飛の夢は描けないはず……待てよ、いま先進諸国で働く中国人が急増しているのは、ひょっとするとそれなのか⁉

第12章　さよなら、いとこたち（絶滅の罠）

種は変化する。生殖が続かずにとだえる血統が出てきたりして、種全体の遺伝子構成が少しずつ、でも確実に、より成功した血統に寄りそっていく。ほとんどの場合、そのプロセスは長い時間をかけて進行していくが、死亡率が極端に高くなる事態に陥ったとき、生殖でその不足を補える血統がひとつもないと、種はあっというまに滅びる。そんな絶滅の罠はつねに潜んでいて、人類も六〇〇万年の進化のあいだに何十回もそういうことが起こった。ときには環境が共犯者として裏で糸を引いていたりする。

迫り来る悲劇

いまから六五〇〇万年前、いまで言うメキシコのユカタン半島のあたりに巨大な隕石が衝突した。その衝撃で大量のちりが大気中に漂い、核の冬のような状態になって地球表面の様相が一変した。

この大変動が少しずつ落ちつきはじめたころ、二億五〇〇〇万年の長きにわたって地球に君臨してきた恐竜は姿を消していた。代わりに闊歩するようになったのが、それまで森の地面でこっそり生きてきた小さくてかよわい生き物——哺乳類だった。

地球上に生物が登場してから五億年になるが、大規模な絶滅によって動物相が劇的に入れかわったのはこのときで五回目になる。大規模な絶滅は、だいたい六五〇〇万年ごとに起きている。理由はいろいろだが、そのとき存在していた種の七〇~八〇パーセントが突然姿を消す。

大絶滅の間隔からすると、そろそろ六回目の波が迫っていてもおかしくない。有史にかぎると、ほんとうに絶滅した種は少数なのだが、絶滅したことで有名になった種はけっこう多い。モーリシャスの飛べない鳥ドードーと、ニュージーランドの巨鳥モアが筆頭だが、ガンビアのミスウォルドロン・アカコロブスや、大きさがメスのゴリラほどもあったマダガスカルのジャイアント・レムールなども絶滅していて、霊長類も例外ではないことを思いしらされる。

もっとも絶滅の実態を物語る数字は、誤った印象を与える恐れがある。現在、絶滅危惧種に登録されているのは一万一〇〇〇種以上だが、いま生きている種の半分は次世紀のうちに絶滅するのではないかという推定もある。残念ながら今度の原因は宇宙から落ちてくる隕石ではなく、火山の大噴火でもなく、ほかならぬ私たち自身である。

いま森林伐採がすさまじい速さで進んでいる。そのためこの一〇〇年間で、アフリカでは国土の森林面積が昔の五〜一〇パーセントに減ってしまった国もある。地球上に残った森林も、一〇年で約八パーセントの勢いで消滅している。つまり、森林が完全になくなるまで一〇〇年とちょっとしかかからない計算だ。

この恐ろしい計算の背後には、私たちにいちばん近い親戚である大型類人猿をめぐる悲劇がある。野生のオランウータンを見たいと思っている人は、いますぐ航空券を手配したほうがいい。彼らが生息するスマトラ島とボルネオ島は森林破壊のスピードがすさまじく、オランウータンの個体数も激減している。おそらく二〇一五年には、野生のオランウータンは姿を消しているだろう。二〇〇四年一二月に起きたスマトラ島沖の地震・津波も追いうちをかけた。北部のアチェ半島は人的被害も大きかったが、野生オランウータンの貴重な生息地も深刻な打撃を受けたのだ。津波にやられる前の一九九三〜二〇〇〇年だけでも、この半島のオランウータン個体数は四五パーセントも減っていた。

アフリカのいとこたちも見通しは暗い。つい七〇〇万〜六〇〇〇万年前まで私たちと祖先が同じだったゴリラとチンパンジーは、アジアのいとこたちよりせいぜい数十年長生きできるだけだろう。中央および西アフリカでは森林減少に加えて、都市部では類人猿の肉が食用の「ブッシュミート」として盛んに取引されている。このままでは野生の個体はせいぜいあと二〇〜五〇年でとりつくされるだろう。

その原因は結局のところ、ここ二〇〇〇年に人間の数が爆発的に増えたことに行きつく。イエス・キリストが生まれたころ、世界の総人口はせいぜい二億人だった。アメリカ合衆国のいまの人口より少ない。ところが現在は約七〇億人で、さらに毎年七四〇〇万人増えている——三秒にひとり赤ん坊が生まれている計算だ。人口が増加しているのはほとんどが貧困にあえぐ国や地域で、野生動物の保護に配慮する余裕はどこにもない。物言わず立っている森の木々は、彼らには日々の糧でしかない。切りたおせば金になり、燃料になり、食料になり、家になる。

いま私たちは、悲劇に向かって突きすすんでいる。それはスローモーション映像を見るように目の前で展開しているのに、私たちの理解を超えていて、手も足も出せない。国際会議で決めた決めないに関係なく、私たちはもう堅材や農地を際限なくほしがることをやめなくてはならない。さもないと地球上に居場所がなくなってしまう。一八世紀後半〜一九世紀初頭にかけて、スコットランドでは土地の囲いこみで多くの農民が追いだされ、それが大量の移民につながった。それでも当時は一からやりなおせる新天地があったが、いまの私たちにそんな場所はない。

乳香の教え

イエス・キリストが生まれたとき、東方の三博士が持ってきた贈り物は？　そう、黄金と乳香と没薬だ。彼らはベツレヘムに向かう道すがら、手土産をみつくろうために市場に立ちよったのだろう。もしそれが二〇〇〇年後のいまの話だったら、贈り物はちがうものだったにちがいない。降誕祭の劇で三博士役を務める小学生たちが、照れくさそうな表情で捧げる箱の中身も変わっていたはずだ。乳香とは、特定の種類の木から出る樹液が粒状に固まったもの。乳香が大切なのは、三博士と小学校の降誕祭劇だけではない。古代から香として焚かれていたし、いまも香水の原料として欠かせない。ところがいま、乳香の生産量は減るいっぽうだ。樹液を出す木が伐採されているからである。

乳香になる樹液がとれるのは、サハラ砂漠南部の乾燥気候に育つボスウェリア属の木だけだ。熱帯の樹木は多くがそうであるように、ボスウェリア属も樹皮が切れたり傷ついたりすると、ねばりけのある樹液が出てくる。損傷から回復するまでのあいだ、乾燥を防ぎ、バクテリアやカビ、害虫から身を守るためだ。ただボスウェリア属の樹液はほかにはない特徴があって、乾いて固まると強い芳香を放つのである。やがて樹皮をわざと傷つけて樹液を出させ、数週間かけて採取するやりかたが定着した。

聖地パレスチナから乳香をヨーロッパに持ちかえったのは、中世フランスの十字軍だったと言われる。そこから英語では「フランク（フランス）のインセンス」という意味でフランキンセンスと呼ばれるようになった。もっとも中世から一〇〇〇年間は儀式や家庭用の香として、あるいは伝統薬として使われるのが主だった。ボスウェリア属の生息範囲、とくにアフリカの角とアラビア半島では、香づくりは産業として栄えていた。その歴史は、人類が香を焚く火を扱えるようになったころにまでさかのぼれるだろう。

だがこの世にタダのものはない。とくに自然界ではそれがはっきりしている。樹液は木にとってとてもありがたいものだ。傷ついた部分を保護して、回復と再生を後押ししてくれる。しかし、樹液の産出は木にとって実際はひじょうに高くつく。樹液生成にエネルギー源の糖質を多く使ってしまうと、次の雨期に果実や葉に回す栄養がなくなるからだ。とりわけ乾期は木が休眠状態にあり、新しく糖質をつくりだすことができないので、樹液がとられると木の負担が重い。

オランダのワーゲニンゲン大学と、エリトリアのアスマラ大学が共同で行なった研究では、トゥーン・リーカースを中心とする研究者グループが、アフリカの角に生息するボスウェリア属の生殖状況を調べた。すると樹液をたくさんとられる木ほど、次の乾期での花づきが悪く、種子が少ないことがわかった。ひどいケースだと、長い乾期のあいだ三週間おきに同じ場所に傷がつけられ、樹液を採取されている木もあった。

この調査では、樹液を多く採取される木の種子は、数が少ないうえに軽く、さらに発芽率も低かった。実験では、そうした木の種子が苗に育つ割合は四〇パーセントしかなかった。これに対して、一〇年以上樹液をとっていない木の種子は、発芽率が九〇パーセント前後にもなった。

要するに、乳香の需要が木を死へと追いやっているのだ。正常な種子を残せないということは、自然な枯死率を上回る生殖ができないということ。ただお先真っ暗かというとそうでもない。リーカースらによると、樹液採取の間隔を開けて木を充分に休ませれば、ふたたび正常に戻るという。

ただ、天然資源の持続可能な採取には、経済活動や日々の生活といった圧力がかならず影を落とす。貧しい国々では、天然資源を乱獲する誘惑といつも隣あわせだ。今日を明日につなげることがせいいっぱいで、未来のことなんて二の次。青々と繁る木々を眺めながら餓死するぐらいなら、木を痛めつけて生きのびるほうがまし――そんな人間の当たり前の本能が、自然保護にはかならず壁となって立ちはだかる。世界のどこでもそこそこの暮らしができるようにならないかぎり、今日を生きようとする人間の切実な欲求を前に、地球は負けいくさを戦うしかないのである。

マンモス絶滅の真実

筋肉隆々の男たちが猛りくるうマンモスに襲いかかり、槍でとどめを刺そうとする――氷河期の人類を描いた絵はこんな感じのものが多い。背後に広がるツンドラには、遠ざかるマンモスの群れもいるはずだ。当時は実際こういう光景が展開していたのかもしれない。悲しいかな、ゾウの仲間としては唯一北半球（北アメリカとユーラシア）に生息していたマンモスは絶滅してもういない。だがシベリア北東部、北極海に浮かぶヴランゲリ島につい三七〇〇年前まで生きていたとなると、興味をそそられる。

マンモスが絶滅した理由として広く言われてきたのは、氷河期の終わりごろ、ツンドラ地帯に入ってきた人類が獲りつくしたからというものだ――「更新世の大量殺戮」である。たしかに約一万六〇〇〇年前、最初のネイティブ・アメリカンが北アメリカに入ってきたのを境に、マンモスをはじめとする大型動物は北アメリカから姿を消している。しかし最近の研究から、気候の温暖化による食物不足が原因だという説も浮上している。過去のできごとに関して真実をひとつに絞るのは難しいが、この場合は答えが出そうである。というのもコンピュータの発達のおかげで、気候モデルをうまく組みあわせて過去の気候を再構築できるようになり、さらに保全生物学の数学的な研究が進んだからだ。

マドリードにある国立科学博物館のダビド・ノゲス＝ブラーボの研究チームは、新しい気候モデルを駆使して一三万年前までさかのぼり、ヨーロッパとアジアでマンモスが生息していた地域を対象に気候を再構築した。そしてこれまでマンモスが出土したすべての場所で気候条件を割りだした。すると一二万七〇〇〇～四万二〇〇〇年前まで、マンモス生息に適した気候の地域が少しずつ広がっていたことがわかった。その後は気候が安定したこともあって、マンモスは中国南部から現在のイラン、アフガニスタンまで到達していた。しかし二万年前から急速に温暖化が進み、六〇〇〇年前になると、マンモスの生息域はシベリア北極圏と中央アジアのいくつかの地域を残すだけになった。

マンモスの数が激減したのは、やはり生息に適した環境が狭まったせいだろう。さらにここから人類も関わってくる。現生人類は、七万年前にはじめてアフリカを出てからというもの、ずっとマンモスを狩ってきた。ノゲス＝ブラーボらは保全生物学にもとづいた数学モデルを使って、狩猟方法や人口密度ごとにマンモスの狩猟圧に対する感受性を推計した。それによると、マンモスの生息数がいちばん多かった四万～二万年前にマンモスを絶滅させるには、一八か月ごとに人口ひとり当たり一頭以上を殺さなくてはならなかった。しかし時代が下って六〇〇〇年前ごろにはマンモスの数が激減していて、二〇〇年ごとにひとり当たり一頭以下でマンモスは絶滅した計算になる。つまりほんのときたましとめただけでも、マンモスを地上から消すには充分だったということだ。

マンモス狩りが盛んだったことをうかがわせる考古学的な証拠もある。ウクライナにある二万～一万五〇〇〇年前の人類の住居跡からは、建材として使われたおびただしい数のマンモスの骨が出土している。テントの重石がわりという単純な用途もあるが、メジリチで見つかった四つの小屋は、マンモス九五頭分の脚の骨、下あご、頭骨、牙を積みあげたものだった。

個体数が多かったときは人類による狩猟圧をなんなく吸収できたマンモスだが、気候が変動して数が減ったことで、圧力をはねかえせなくなった。つまり狩猟圧がどんなに小さくても、それで種が絶滅に追いやられる可能性はあるということだ。気候温暖化が進みつつあり、多くの種が危機的状況にある今日、マンモスの前例はとても切実である。

言語の大消滅時代

動植物と同じように、言語もまた絶滅する。私たちはいま、言語の大消滅時代にいる。世界で話されている言語は七〇〇〇弱で、そのうち少なくとも五五〇は話者が一〇〇人に満たず（それも高齢者ばかりだ）、一〇〜二〇年以内に消滅すると言われている。残りの言語も、次世紀が終わるまでに半数が消えている可能性がある。そのひとつがスコットランド・ゲール語だ。スコットランド高地地方と島嶼で話されており、アイルランドからやってきたゲール人が西海岸を征服して以来、一〇〇〇年余の歴史がある。話者はわずか六万人、しかもグレートブリテン島では全員がバイリンガルだ（皮肉なことに、本来のスコットランド・ゲール語の話者は、一九世紀にスコットランド人が数多く移住したカナダに多い）。スコットランド・ゲール語はすでに消滅危機にある言語のひとつに数えられている。日常生活で使用されることがなくなって、ラテン語やサンスクリット語、ピクト語（ローマ人がグレートブリテン島を侵略したとき、高地地方で話されていた言語）、そして恐竜の仲間入りをするのも、そう遠くない話だろう。

それって心配すること？

短く答えるならば「イエス」だ。その理由はいくつかあって、まずひとつは全般的なこと。言語が進化する過程から学ぶことは多いし、人間が移動してきた歴史も言語からたどることができる。少数言語は、言語自体の特徴もさることながら、話者の遺伝子も合わせて調べることで多くのことがわかる。ただ両者の結果が一致するとはかぎらない。言語は交易や征服を通じて普及することもあるからだ。

ヨーロッパ系言語の歴史には、征服による言語伝播のあらゆるパターンが入っている。ローマ帝国が崩壊したあと、イタリア北部とフランスにはそれぞれランゴバルド人とフランク人が侵入した。住民もしぶしぶ受けいれ、ランゴバルド人とフランク人はそれまでの母語を捨てて、まだ誕生まもないイタリア語とフランス語に乗りかえた。そうかと思うと、アッティラ率いるフン族はよほど脅威的だったのか、侵略先の住民たちは明らかにヨーロッパ中部の起源と遺伝子を持っていたにもかかわらず、フン族の話すモンゴル系言語をいそいそと受けいれた。それが、いまのハンガリーで話されているマジャール語になったのだ。イングランドの場合は、もともとあったゲルマン系のアングロサクソン語と、一〇六六年に征服王ウィリアムが持ちこんだフランス語（ラテン語に起源を持つロマンス語）を併用する道を選んだ。そのおかげで英語の語彙が豊かになったのはありがたいことだ。ほとんどすべての事物に関して、簡潔で直截なアングロサクソン系の単語と、凝ったフランス語系の単語が用意されていて、その使いわけで微妙なニュアンスを表現することができる。

言語は民族の知識庫でもあり、なかには医学的に重要な情報も含まれている（アスピリンとマラリアの特効薬キニーネは、南アメリカのインディオから得た知識をもとにつくられた）。珠玉の知恵を取りださないまま言語を消滅させると、優れた製品を世に出す機会も失われる。身近な例だが、ちょっとした病気はチキンスープで治すというおばあちゃんの知恵も、科学的に裏づけがある。チキンスープには生化学的な有効成分がたくさん含まれていて、身体がウイルスなどの感染症と戦う手助けをしてくれるのだ。おばあちゃんの言葉を誰かが記憶しなければ、何世代にもわたって編みだされてきた民間療法も消えてしまうだろう。

また言語は異文化への窓にもなる。とくにスコットランド・ゲール語は、その特徴が顕著だ。一八世紀の偉大な詩人であるダンカン・バン・マッキンタイアとロブ・ドンから、今世紀を代表するソーリー・マクリーンまで、豊かな伝統を誇るゲール語詩は、地主宅の炉辺で、また重労働を終えた庶民が火を囲むささやかなケイリー(第5章を参照)の場で、人びとの心をうるおしてきた。だがこの口承文学のすばらしい伝統はすたれ、カパーケリーやランリグといったケルト音楽のグループによって部分的によみがえるだけだ。第6章で紹介した、アウターヘブリディーズ諸島の女たちが歌うワーキングソングは文化的にも貴重だ。疾走するリズム、詩的な響き、ユーモアあふれる共同体意識を感じさせる労働歌は、世界のどこを探してもここでしか聴けない。ゲール語詩の朗誦とワーキングソングは、ヘブリディーズ諸島に花開いた文化を象徴するものであり、もしゲール語が消滅してしまったら、そうした伝統も消えることになる。

生物地理学的な特徴や進化面の特質から見ると、言語と生き物の種は共通点が多い。種も言語も、高緯度地方より赤道付近のほうが種類が豊富で、占める範囲が狭く、密集している。高緯度になるほど季節の変化が大きく、予測がつきにくい。そのため広い範囲でおたがいに情報を交換しあって、自然災害の影響をなるべく小さくする必要があった。異なる種によるニッチ空間のとりあいといった現象も、その流れで起きることだろう。

その地域でいちばん多くの人が話す言語を採用する——政治力を背景にそうした圧力をかけると、

小規模な言語は消滅に追いやられる。小規模言語は自給自足できるところでしか生きのびることができない。言語も種も、絶滅への流れを食いとめるには救済行動が必要なのだ。

伝統的な社会も、地球にやさしいわけではなかった

地球上の生き物にとって最大の脅威は、昔もいまも気候変動である。二〇〇五年、モントリオールで開かれた国連気候変動会議で、アメリカを含むすべての国が温暖化を深刻な問題としてとらえ、最悪の影響を避けるための行動を検討することが決まった。これで世界はひとまず安堵のため息をもらした。インド洋津波、パキスタン地震、ハリケーン・カトリーナと大規模な自然災害が連発し、あと起きてないのは火山の噴火だけ、という状態だったことも関係していただろう。

二〇〇五年はほんとうに自然災害が多く、合わせて四〇万人という死者は平均的な年のおよそ五倍である。ただしこれは災害だけの話で、実のところ交通事故の死者は世界全体で毎年一〇〇万人以上いる。予防できる病気で生命を落とす子どもは八〇〇万人にのぼる。

地球の歴史全体を振りかえると、気候の激変はめずらしいことではない。氷河期という言葉は誰でも耳にしたことがあるだろう。ヨーロッパ北部全体が、断続的にではあるが分厚い氷でおおわれた時代だ。氷河期はおおよそ六万年周期で訪れており、そのあいだに温暖な気候の時代がはさまっている。いまはちょうど温暖な時期というわけだ。最後の氷河期が終わったのは約一万年前。このとき、徐々に温暖化していた気候が急激に寒冷に戻った期間があって、ヤンガードライアス期と呼

ばれる。地球の平均気温はわずか五〇年で七度も上がった。それまでの温暖化で極地の氷が融けだし、海水面は九〇メートルも上昇した。それにくらべると、いま騒がれている温暖化はずっとおとなしい。二〇八〇年までに予測される平均気温の上昇はせいぜい四度である。

思いきりうしろに下がって状況を眺めると、現在の気象がいかにふつうでないかわかる。貝殻に含まれる炭素同位元素から分析すると、恐竜たちが死に絶えた六〇〇〇万～四〇〇〇万年前までのあいだ、地球の平均気温は約三〇度、いまの二倍も高かった。ヨーロッパや北アメリカはうっそうとした熱帯林で、ロンドンやパリ、ベルリンの中心部ではキツネザルに似た霊長類が木々のあいだを走りまわり、むっとする湿地ではカバが水につかっていたのだ。長い時間軸で見ると、いまの寒冷な気候のほうがおかしいのだ。

現在の温暖化に工業生産や農業活動がかかわっているかどうかはともかく、地球の気候はもともと不安定だという事実は知っておいたほうがいい。問題は変化が起きたときにどう対処するかだ。楽観論者は科学が何とかしてくれると言うだろう。過去にはその実例もあったと。

いまから二世紀近く前、イギリスの経済学者トマス・マルサスがちょっとした議論を巻きおこした。農業生産高の伸びが人口増加に追いつかないことを指摘し、このままでは世界は破滅に向かうと警告したのだ。このマルサスに大きな影響を受けたのが、『種の起源』を執筆していたダーウィンである。自然淘汰のアイデアは、マルサスの主張に刺激されたものだ。もっともここまで信じていたのはダーウィンぐらいのもので、多くの人はマルサスに懐疑的であり、食料生産の問題は科学が解決してくれるはずだと反論した。結局正しかったのは懐疑派だった。科学は時間稼ぎをしてくれたのだ。農場でわき目も振らぬ努力が続けられた結果、アバディーン・アンガス種やベルテッド・ギャロウェイ種といった肉用牛や、ブラックフェース種の綿羊が登場し、鋤や播種機も改良された。そのおかげで中世の農民には想像もつかないほど単位面積当たりの収量が増えたが、スコットランドでは高地地方独特の農場や中世の伝統を受けつぐ土地分配システムが姿を消すことになる。

だが当時といまでは状況が異なるので、安心してはいけない。農業革命は旧来の技術を活用したものだったから、人並みに働ける農民ならその価値がすぐに了解できた。しかし今日の科学は、はるかに高度な知識を土台にしている。そしてここが心配な点なのだが、新発見の数を一〇年ごとで区切って数えると、この一〇〇年間は減るいっぽうなのだ。それも無理はない。過去にない発見ほど複雑な技術と深い知識が求められるからだ。知のフロンティアで金を掘りあてることはますます難しくなっていて、かかる費用も莫大だ。

しかしほんとうにやっかいな問題は、マルサスの亡霊が私たちの肩にとりついていることだ。マルサスの予想はまちがっていない。科学はただ時間を稼いだだけだ。化石燃料の消費量が増えることや、廃棄物や余剰物をところかまわず捨てることがどうというより、とにかく人間が毎年どんどん増えていくことがまずいのである。伝統的な狩猟・採集社会は、むかしも今も自然にやさしかったという意見がある。残念ながらその主張は誤りであることが裏づけられている。そうした社会が自然を守っているように見えたのは、人間の数が少なくて、無茶をやっても環境が破壊されなかっただけだ。都市の発達と人口の集中はさまざまなことを示唆している。私たちはそこから急いで教訓を学ばなくてはならない。世界の人口増加にブレーキをかけることは、ほんとうに差しせまった課題なのだ。

第13章　こんなに近くてこんなに遠い（人類の起源）

人類の歴史は長い。ヒトはチンパンジーやゴリラといったアフリカの大型類人猿と同じ科に属しているが、私たちの祖先が彼らから枝分かれしたのはおよそ六〇〇万年前。そこからは平坦な一本道というわけでは決してなく、途中で横道もたくさんできて、なかには何十万年と栄えたのちに絶滅したものもある。アウストラロピテクス（六〇〇万～二〇〇万年前に生息していた猿人で、十数種類が確認されている）の多くと、アフリカを出て東に向かい、遠く現在の北京にまで達した初期のホモ・エレクトス、ヨーロッパを中心に分布していたネアンデルタール人だ。私たち現生人類に続く系統も、何度となく絶滅の危機にさらされている。遺伝学的な研究から、すべての現生人類の血統をさかのぼると、約二〇万年前にアフリカにいた五〇〇〇人の女性に行きつくことがわかっている。こんなにささやかな繁殖個体群は、途中で跡形もなく消えてもおかしくなかった。

私たちはいま特権的な時代を生きている。それは系統のなかで現存する唯一の種ということだ。

実は人類六〇〇万年の歴史のなかで、そんな特異な時代がはじまってまだ一万年しかたっていない。それ以前はかならず複数、最高で六種類の人類が共存していた。すでに絶滅しているものの、現生人類よりはるかに長く存在した種はたくさんある。なかには手を伸ばせば届きそうなぐらい、現生人類の時代のすぐ近くまで生きていた仲間もいるのだ。ヨーロッパで最後のネアンデルタール人が死んだのは、つい二万八〇〇〇年前のこと。最後のホモ・エレクトスは六万年前より少しあとに中国で絶滅した。インドネシアのフローレス島では、やはりホモ・エレクトスの子孫にあたる小型の原人がつい一万二〇〇〇年前まで生きていた。私たちの親戚と呼んでもさしつかえない彼らは、いったいどんな人類だったのか。

伝説の小さな獣人

彼女の名前はわからない。いや、名前があったかどうかも不確かだ。それでも二〇〇四年にインドネシアのフローレス島から彼女の遺骨が見つかったとき、ハリウッドスターもかくやと思わせる大騒ぎになった。死んだときはまったくの無名だったのに、約一万八〇〇〇年後に偶然発見されるとともに、名声のスポットライトが当たったのだ。

その後、彼女の仲間も含めて計五人の骨が発掘され、さっそく「ホビット」という愛称で呼ばれるようになった。ホビットの出現に古人類学の研究者たちは興奮し、マスコミも人類進化の歴史が書きかえられるのでは、と注目した。

ホビットの真実はそこまで劇的なものではなかったが、それでも注目すべき存在であることに変わりはない。ホビットはヒト属の新種であることが確認され、フローレス島にちなんでホモ・フロレシエンシスと名づけられた。このホビットたちは、現生人類の直接の祖先であり、約一五〇万年前に枝分かれしたのだが、注目点はそこではない。重要なのは、なぜ彼らがそれほど長く存続したかということだ。

化石証拠をもとに組みたてられた人類進化の流れはこうなっている。猿人の時代が長く続いたあと、私たちの祖先はより人間らしい姿へと急に舵を切った。それがホモ・エレクトスで、時代はおよそ二〇〇万年前ころ（ちなみに猿人の代表はエチオピアで見つかった三三〇万年前の化石人骨「ルーシー」だ。発掘場所でテープレコーダーから流れていたビートルズの「ルーシー・イン・ザ・スカイ・ウィズ・ダイアモンズ」にちなんで名づけられた）。ホモ・エレクトスはずばり「直立する人」という意味で、脳の容量はそれ以前の猿人の三五〇ｃｃよりは増えていたが、現生人類の一二五〇ｃｃにはまだ遠くおよばない。ただし形の揃った長い脚、幅の狭いウエスト、樽のようにふくらんだ胸部といった体型の特徴は、早くも現生人類と同じだった。この体型のおかげで、脚を大きく前に出して効率よく歩くことが可能になり、長距離を移動する遊牧生活に適応できるようになった。

長距離歩行ができる身体を手にいれたホモ・エレクトスは、およそ一〇〇万年前にアフリカから世界に打ってでた。彼らはたちまちアジア本土のいちばん端まで征服した。それからはずっとおもしろいことは起こらず、アフリカ・ヨーロッパに暮らす者と、東アジアにいる者もほとんどちがいはなかった。しかし次第にアジアはアフリカのいとこたちと袂を分かち、独自の道を歩きはじめる。

そして五〇万年ほど前から、またしてもアフリカのホモ・エレクトスに大きな変化が起こる。脳の容量が飛躍的に増えた彼らは、またしてもアフリカを出てヨーロッパへと向かった。アフリカで進化した新しい人類は、それから二〇万年という時を経て現生人類になっていき、アフリカから飛びだした。それが約七万年前。彼らは数万年かけて、氷におおわれていない旧世界（オーストラリアを含む）のすみずみにまで定着し、ついにはベーリング海峡を渡って南北アメリカ大陸に到達する（約一万六〇〇〇年前）。

アフリカにいたホモ・エレクトスは死にたえるか、現生人類に進化するかしたが、その後もずっと中国奥地には生きのこりがいた。新しく出現した現生人類が極東に達したとき、エレクトスの生きのこりと接触したことは大いに考えられる。ただアジアのホモ・エレクトスが存在していたのはせいぜい六万年前まで、ちょうど現生人類が迫ってきたころだ。これはただの偶然、それとも……？

フローレス島で見つかった小さな女性の骨は、それまでの思いこみを大きく変えた。彼女とその親戚たちは、一万二〇〇〇年前まで達者に暮らしていたと思われる——地球の歴史から見ると、ほとんど私たちと同時代と言っていい。現生人類が四万年前ごろにオーストラリアに入ったとすれば、移動の途中、インドネシアの森のなかで彼女たちと遭遇していたはずだ。

ホビットと仲間たちには顕著な特徴があった——小さかったのだ。矮小な人間はいまでもいないわけではない。中央アフリカのピグミーや、南アジアの森林にいるネグリトと呼ばれる人びとは、ホビットと大して変わらない身長だ。ただし脳の大きさは、ピグミーやネグリトは私たちと変わらないが、ホビットの脳は猿人の祖先並みしかなかった。

意外だったのは、ホビットの骨といっしょにそこそこ発達した石器も発見され、火を使っていた証拠も見つかったことだ。さらには大型動物（すでに絶滅した巨大なステガドンや、コモドオオトカゲなど）をしとめていた形跡もあった。五歳児程度の体格の人間が、体重一トンにもなるステガドンを倒すのは簡単ではない。そのためホビットは、計画を立てて、たがいに協力する能力があったと思われる。もちろん、石器は現生人類の作だとも考えられる。ただそうであるにしても、なぜミズ・ホビットと仲間たちと同じ場所から石器が出土したのか、という疑問がある。石器の持ち主に食べられたから、というのがこういう場合の基本的な解釈だ。ありえない話ではない。現にチンパンジーとゴリラは、西アフリカではグルメの食材だし、インドシナ半島ではサルが珍重される。現生人類から見たら、ホビットもほかのサルと同様、食料源でしかなかったのかもしれない。とはいえホビットが食べられたという決定的な証拠があるわけでもない——ふつうなら骨に切り跡が残っていたり、骨髄の入っている骨が割られていたり、焼けこげなど「調理」された跡があるはずだ。結論を出すのはまだ早すぎる。

最後にひとつだけ興味ぶかい点を指摘しておこう。フローレス島の近くにあって、同じ列島を構成するインドネシア最大のボルネオ島には、森に三種類の人がいると昔から言われてきた。オラン・リンバ、オラン・ウータン、オラン・ペンデクである。オラン・リンバは森に暮らす先住民で、「いちばん深い森の子どもたち」と呼ばれて尊敬されている。オラン・ウータンはご存じ大型類人猿。最後のオラン・ペンデクは、伝説の小さな獣人だ。このオラン・ペンデクは、ホビットと接触があった遠い過去を物語っているのではないだろうか。ホビットは、手を伸ばせば届きそうなところにいたのである。

二つの結論

アフリカ（だけではないが）の地層は、四五〇万年前より古い人類化石の出土をずっと拒んできた。ところが二〇〇〇年、ケニア中部バリンゴ湖のすぐそばにあるトゥゲン丘陵でフランスの調査隊が発掘した人類の骨の化石は、約六〇〇万年前のものであることが判明した。これまで四か所の発掘地点から、五体分、計一二点の骨（脚やあご、手、それに歯）が見つかっている。この化石人類はオロリン・トゥゲネンシスと命名されたが、すぐに「ミレニアム・マン」という愛称で呼ばれるようになった。

翌二〇〇一年、今度はトゥゲン丘陵から一〇〇〇キロ以上西に離れたチャドで、二〇年近く報われない発掘作業を続けていたフランスのチームが、ほぼ完全な頭骨と、あごと歯の断片を発見した。

こちらはオロリンより少しだけ古く、七〇〇万～六〇〇万年前と推定される。正式な名称はサヘラントロプス・チャデンシス（チャドで出土したサハラの猿人）だが、「トゥーマイ」という愛称もついた。現地語で「乾期直前にかろうじて生まれた子ども」という意味だ。六〇〇万年前というのは、分子時計でいうと現生人類とチンパンジーの共通の祖先がいたころである。そのためオロリンとサヘラントロプスの発見は大きな話題となった。

見つかったオロリンの骨には、大腿骨の一部が含まれていた。保存状態も良好だ。いちばん古いアウストラロピテクスの大腿骨とくらべると明らかに大きいが、形状はよく似ている。これをオロリン二足歩行の証拠とする主張もあるが、あいにく下端が失われているので断言はできない。現存している部分だけなら、四足歩行の大型類人猿と変わらないのだ。現生人類をはじめ、二足歩行が確認できているヒト科の生き物に共通して言えることだが、大腿骨は骨盤に向かって外側に傾いており、膝関節は平たい面にのっている。そのおかげで、歩行中の身体の重心は地面に接する足に直接かかる。これに対して日常的に四足歩行をする現生の大型類人猿は、大腿骨が骨盤からまっすぐ伸びている。そのため後ろ脚で立って歩くときはぎこちない動きになる。

脚の骨だけ見ると二足歩行の可能性も否定できないが、トゥゲン丘陵から出土した上腕の骨の断片は現生チンパンジーとの共通点が多く、オロリンは樹上生活もしていたようだ。さらにそれを裏づけるのが、指の骨の湾曲である。これは木登りをする大型類人猿にはあるが、現生人類には見られない特徴だ。

チャドのサヘラントロプスは、少しだけ時代が古いとあってさらに論議を呼んでいる。発見者は最古の人類だと主張しているが、その根拠は頭骨の形だ。目の上の眉のところが盛りあがっていて、犬歯が小さいのは、それまでヒト属初期の人類（サヘラントロプスより三〇〇万〜四〇〇万年後）にしか見られなかった特徴だからだ。たしかに頭骨正面は人類と似ていなくもないが、うしろから見た様子や頭蓋の容量（およそ三五〇ｃｃ）は、むしろ現生チンパンジーのものに近い。それよりもっと重要な手がかりは、頭骨底部に開いていて、脊髄が通っている大後頭孔の位置だ。現生人類はもちろん、化石人類でも頭骨が脊柱の上にまっすぐついているものは大後頭孔が中央に開いているのだが、サヘラントロプスはもっとうしろ寄りなのである。このことからも、サヘラントロプスはいまの類人猿のように四足歩行だったと考えられる。

いろいろと謎の部分は多いが、サヘラントロプスもオロリンも、チンパンジーとヒトが分かれるちょうど境目に位置するという意味で、とても重要な存在であることはまちがいない。現生の大型類人猿はみんな森での暮らしを選んでいるが、私たちの祖先はとても早い段階で森に別れを告げ、樹木は生えているが開けた場所に移った。そのことを考えると、オロリンたちの身体の特徴はとても興味ぶかい。オロリンが出土した場所ではレイヨウやオナガザルの化石も見つかっており、そこが森ではなく開けた木立であったこと、初期の類人猿の多くが新しい環境に足を踏みだしたことがうかがえる。

オロリンとサヘラントロプスの化石からは、二つの結論が導きだせる。ひとつはヒトがサルから分かれたころ、複数の異なる種が存在していたということ。もうひとつは、それらの種が広範囲に分布していたということだ。たとえばチャド中部がそうだった。いま大型類人猿が暮らす森は、そこから六五〇キロも南に行ったところである。

「人間らしさ」の起源

いっぽうヨーロッパでも、過去と手をつなぐ機会があった。それはスペインおよびフランス南部で見つかった先史時代の洞窟壁画だ。

話は一八七九年にさかのぼる。スペイン北部のアルタミラで、ひとりの少女が地主の父親と退屈しのぎに洞窟探検に出かけた。父親の名前はドン・マルセリーノ・サンス・デ・サウトゥオーラ。なにげなく洞窟の天井を見上げた彼女の目に、世紀の大発見が飛びこんできた。そこにはバイソンや鹿、馬が躍動していた。群れをつくってなわばりを争ったり、座りこんで反芻したりと、一万八〇〇〇年前の先史時代に、描き手が完成させたそのままの状態が残っていたのだ。先史時代の芸術が残された洞窟はアルタミラだけではなく、ヨーロッパだけで一五〇か所もあった。作品の完成度はきわめて高い。はるか昔に名もなき人物が手がけた謎めいた図案を眺めていると、洞窟の薄暗がりも手伝って我を忘れそうになる。大の男が心を打たれて涙を流すこともあった。

そんな古代の芸術作品のなかに、壁面を埋めつくす子どもの手形がある。壁に手をついて、口に含んだ塗料を吹きつけたのだろう。管理人の許しを得て、そこに自分の手を置いてみる。思いが通じたばかりの恋人にするように、おずおずと、やさしく。すると何千年もの時を飛びこえて、そこに子どもたちの温かい手を感じるだろう。これが神秘でなくて何なのか。この手の持ち主はどんな子で、みんなからどう呼ばれていたのだろう？　彼らは大きくなって自分の子をもうけ、白髪の長老となってみんなから尊敬を受けながら、霧がかかったような記憶のなかから、遠い日のことを思いだすのだ。それはきっと春だったろう。獣脂のたいまつを頼りに曲がりくねったトンネルを進み、奥まった洞窟で冷たい岩壁に手を押しつけたら、おとなの誰かが上から塗料を吹きつけたのだ。いや、ひょっとすると子どもたちは病気や事故、あるいは猛獣のえじきとなって短い生涯を終えたのかもしれない。子ども時代の最初の輝きを放ったところで、未来が断ちきられたのだ。だが母親の人生はそんな小さな悲劇の繰りかえしだったにちがいない。母親はわが子を失うたびに悲嘆に暮れ、手ばなしで泣きさけんでいただろう。

もちろん真実は知りようがない。ただ、こうした洞窟壁画に関わった人びとの暮らしぶりは、現代の私たちにも共感できるところがたくさんある。洞窟壁画は、驚異的な進化を遂げてきた人類の能力がついに見事な形で開花したものであり、それを後期旧石器革命と呼ぶ考古学者もいる。そのはじまりは約五万年前で、石や骨や木を材料にした高度な道具——釘、石錐、釣り針、矢じり、槍など——が突如として大量に出現した。

続いて三万年前には、文字どおり芸術の爆発が起こる。今日一日を生きのびるのには役に立たない、装飾だけが目的の人工物が作られるようになった。ブローチ、彫刻をほどこしたボタン、人形、動物をかたどったおもちゃなどで、なかでも目を見張るのが小さな彫像だ。ヨーロッパ中部から南部にかけて出土している「ヴィーナス」像はその代表例である。乳房も尻もたっぷりした体型は、ミシュランタイヤのキャラクターを思わせる。当時はこういう女性がもてはやされたのだろうか。髪はきれいに編まれていることが多い。素材は象牙と石（素焼きもある）。ヴィーナス像は後期旧石器時代で最も注目すべき人工遺物だろう。

そして二万年ほど前になると、埋葬形式や音楽、来世の概念が生まれてくる。アルタミラ、ラスコー、ショーヴェなど、ヨーロッパ南部を中心に見つかっている洞窟壁画は、芸術という偉大な進歩に添えられた美しい花だ。人類の進化の歴史のなかで、こんな変化はかつてなかった。文学から宗教、さらには科学に至る現代人類の文化は、ここで芽ばえていたのである。

芸術家気質の発露は、はるかな時間を超えて私たちに直接語りかけてくる。彼らはもはや私たちと何ら変わらない。私たちが美しいと思うものは、彼らも美しいと感じただろう。その感動の一瞬に、人間を人間たらしめている本質が封じこめられている。ついに人類は「人間らしさ」を獲得したのだ。私たちは、現生のほかの動物はもちろん、地球の長い歴史に存在したどんな生き物とも一線を画している。どこがどうとは具体的に指摘しづらいが、でも明らかに異なる。その決め手は、やはり文化があるかないかだろう。

ネアンデルタール人の肌は白かった

アルタミラ洞窟に絵を描いた人びとが、いまから四万年ほど前にヨーロッパにやってきたとき、そこは無人の野ではなかった。ヨーロッパは二〇万年前からネアンデルタール人の天下だったのだ。ネアンデルタール人は人類のなかでもめずらしく繁栄した種で、五〇万年前ごろヨーロッパにやってきてから、少しずつその特徴をつくりあげていった。身体はがっしりした筋肉質で、頭は大きく、後頭部に「ネアンデルタール人のシニョン」と呼ばれる独特のふくらみがある。下あごはがっしりしているが、あご先は発達していない。頑丈な体格を武器に、ネアンデルタール人は東はウラル山脈まで勢力範囲を広げ、槍で突くという命知らずな方法でマンモスなどの大きな動物をしとめていた。その後現生人類の直接の祖先が採用する、軽量な投げ槍や弓矢などの「飛び道具」には縁がなかった。

最後のネアンデルタール人が死んだのはいまから二万数千年前で、場所はスペイン北部だったと思われる。つまり現生人類よりはるかに長いあいだ、種として存続していたことになる。現生人類が地球上に出現したのは二〇万年前。起源はネアンデルタール人と同じアフリカだが、そこからがちがう。私たちは七万年前までアフリカにとどまり、その後突然紅海をわたって南アジアに移動した。ヨーロッパを中心に分布していたネアンデルタール人とはじめて出会ったのは四万年前のこと。

現生人類は、西アジアの大草原地帯を横断してヨーロッパに入ったのだ（六〇〇〇年前のインド・ヨーロッパ語族も、ローマ時代のアッティラ率いる遊牧民族フン族も、みんな同じルートでヨーロッパをめざした）。それから一万年と少しで、現生人類はネアンデルタール人に完全にとってかわることになる。

ネアンデルタール人が突然姿を消したのはなぜか？　興味をかきたてる謎だ。まず考えられるのが、現生人類との混血が進んだというもの。となると現代ヨーロッパ人は二つの種のミックスということになる。たしかに胸板がぶあつくて首が太く、腕と脚が筋肉隆々という、ネアンデルタール人の特徴を持つ人も見かける。けれども混血というわりには、ネアンデルタール人と対極のひょろりとした体格の人が多すぎる。この説は説得力に欠けるだろう。

もうひとつは、ヨーロッパ人が新世界やオーストラリアを侵略した過去を踏まえて、はむかってくる邪魔者のネアンデルタール人を殺戮したというもの。悲しいかな、私たち現生人類は同じことを繰りかえしてきた歴史があるので、可能性がないとは言えない。さらに伝染病説もある。南アメリカのインディオでも同様のことがあったが、アフリカから持ちこまれた熱帯病がヨーロッパに蔓延し、抵抗力のないネアンデルタール人はそれにやられたというのだ。ただこの説は、現生人類がアフリカから直接ヨーロッパに入っていないことが玉に瑕だ。彼らは東の黒海近辺から移動してきたから、少なくとも三万年近くのあいだは、ネアンデルタール人と同じ風土病にさらされていたことになる。

絶滅のほんとうの理由が何であれ、色黒の新参者に対するネアンデルタール人の反応は、いまのヨーロッパ人とほとんど変わらなかっただろう。ネアンデルタール人の肌が白かったことは、最近発表されたDNA分析で明らかになった。バルセロナ大学の遺伝学者たちが、スペインのエル・シドロン洞窟から見つかった四万八〇〇〇年前のネアンデルタール人の骨からDNAの抽出に成功した。そこに含まれているmcIrという遺伝子は、現代ヨーロッパ人も持っていて、メラニン色素の生成を抑えることで、肌の色を白くする働きがある。両親からともにこの遺伝子を受けつぐと、日光に敏感な白い肌と赤毛の持ち主になる。赤毛のネアンデルタール人？　意外なイメージだ。

近年の遺伝子研究からは、現生人類、とくに北半球の人間に特徴的な突然変異を、ネアンデルタール人がほとんど持っていないこともわかっている。つまりネアンデルタール人は私たちの祖先ではなく、とても関係は近いが別種の人類ということだ。ヨーロッパ人の白い肌と赤毛も、アフリカからやってきた黒い肌の祖先がネアンデルタール人と混血してできたのではなく、高緯度での生活に対応した結果だろう。前述したようなビタミンD生成の問題を、ネアンデルタール人も抱えていたのだ。

ネアンデルタール人の祖先は、現生人類につながる系統から七五万年前に枝分かれしたと見てほぼまちがいない。それはヨーロッパに新天地を求めてアフリカを出るより前のことだ。ヨーロッパで繁栄していたネアンデルタール人が突然絶滅した根本的な理由はどうあれ、現生人類との混血説はどうもなさそうだ。残念ながら、いちばん想像をかきたてる可能性がなくなったことになる。

第14章　ダーウィン戦争（進化と創造）

『種の起源』が出版されて一世紀半がたとうとしているが、進化やダーウィン進化論をめぐる議論は、当時もいまも変わることなく活発に行なわれていて、科学と宗教の直接対決の様相を呈している。もっとも進化論で困るのは、ユダヤ教、キリスト教、イスラム教（まとめて「アブラハムの宗教」と呼ばれる）のなかでも原理主義的な宗派だけなのだが。進化論と宗教、両者の異なる世界観の衝突がおおっぴらに論じられている国といえばアメリカ合衆国である。ブッシュ大統領の御世の最後から二番目の年（なんだか旧約聖書みたいだ）、学校で教える生物学のカリキュラムに、インテリジェント・デザイン理論を入れる提案がなされたときは、福音主義のキリスト教徒たちは小躍りして喜んだ。

デザインが、どうインテリジェント？

いったいどういうことなのか？　一般にインテリジェント・デザインは創造論の焼きなおしに過ぎないとされる。それを認めようものなら、アメリカの教育制度は一〇〇年近く時計の針が逆行して、アメリカ法曹史上最大のトンデモ裁判の時代に戻ると言われている。その裁判とは、一九二六年にテネシー州の高校教師ジョン・スコープスが、新しい州法に違反して進化論を教えたことで訴えられたものだ。

インテリジェント・デザイン（以下IDと略す）の主張はこうだ——自然界はとても複雑な構造をしているので、目に見えない知性がデザインしたとしか考えられない。そうした説をいっさい受けつけない進化論は、知的にも事実面でも穴だらけでけしからん。ID自体はとりたてて新しいものではなく、一八〇二年にイギリスの神学者ウィリアム・ペイリーが著書『自然神学』のなかで、自然が完璧であることが、神という「偉大なるデザイナー」が存在する何よりの証拠と書いたことがはじまりだ。

IDの代表的論客のひとりが、ペンシルヴェニア州ベスレヘム（またよりによって……）にあるリーハイ大学の生化学者マイケル・ベーエだ。生きた細胞のように複雑なものが、部品をひとつずつ組みたてるように細かい段階を経て進化したなんて考えられない、とベーエは書いている。細胞小器官を持たない細胞など、ばねが取りつけられる前のネズミ捕りでしかない。突然変異というめくらめっぽうなプロセスで、どうやって複雑な世界ができあがったのか。それを証明できないことが、IDのそもそもの出発点（世界をデザインした絶対的知性の存在）を裏づけている。

こうした主張は、単純な人たちにはとても説得力がある。けれどもその裏には巧妙なごまかしがある。たとえば目。レンズ体が欠けた目など想像できるか？とID支持派は問いかける。そんな不完全な目を持っていても、何の役に立つ？と。だがこの問いには、「ある」と短く答えるしかない。自然界にはそんな例が山ほどあるのだ。しかもどの目も立派に機能していて、持ち主はありがたく使用している。なぜそうなるかというと、いろんな動物がそれぞれ独自に目を「発明」してきたからだ。形態が無数に存在するのも当然である。なかでも多彩な種類を誇るのは軟体動物だろう。ひとくちに目と言っても、光に反応する細胞が集まっただけのものから、レンズなし、固定レンズ、レンズの調整が可能で人間の目とほとんど変わらないものまでさまざまだ。

IDで困るのは、支持者の多くが自然史をちゃんと勉強していないことだ。IDの荒唐無稽ぶりを物語る実例は身近にいくらでも転がっているのに、彼らはそれを知らない。さらにID支持派は、ダーウィン進化論も正しく理解していない。進化は偶然の結果――行きあたりばったりに起きる些細な変化が積みかさなったもの――というとらえかたをしている。自然淘汰で進化が起きるなら、がらくた置き場を突風が吹きあれるだけでジャンボジェット機ができてしまうではないか。ID支持派たちはそう主張する。しかし残念ながら、進化はそういう意味での行きあたりばったりではない。突然変異はたしかに偶然だが、長い時間をかけてそれを選別し、まとめていくプロセスはでたらめではないのである。自然淘汰にしても（これを体系化して理論に仕上げたことがダーウィンの最大の業績だろう）方向性ははっきり定まっていて、しかも驚くべきスピードで進行することがある。茶色いヒグマと共通の祖先から枝わかれして、まっしろなホッキョクグマが誕生するのに一万年しかかからなかった。

それにしても興味ぶかいのは、科学者として立派な実績を持つ合理的な人びとが、なぜこうまでＩＤのとりこになるのかということだ。ＩＤ信奉者のなかに、個体以上のレベルを研究する生物学者はいない。進化論の正誤に関係ない分野の研究者がほとんどだ。それなのにどうして、ダーウィン進化論を目の敵にするのだろう。進化論は、物理学の量子力学に次いで科学史上最も成功した理論なのに。量子力学は人類が考えだした理論のなかでもとびきり複雑怪奇で難しいが、ダーウィンの進化論はとてもシンプルで美しい。

ＩＤに関しては、ひまでたまらない連中が教員談話室でたれながすおしゃべり、で片づけることもできる。しかし自然淘汰の威力と、進化のなかでそれが果たす役割を理解しておかないと、私たちの生活に深刻な影響が出てくる。たとえば一九五〇年代にＤＤＴ耐性を持つ害虫が出現し、一九八〇年代に薬剤耐性マラリアが出てきたのもそれだ。さらに最近では、ＭＲＳＡなどのスーパー細菌が世界を恐怖に陥れたことも記憶に新しい。自分たちの手に負えないものを、これ以上つくりだしてはいけないのである。

進化戦争

ほとんどの場合、悪いのはキリスト教原理主義、つまり旧約聖書に書いてある世界創造の物語が文字どおり事実だと信じる姿勢だ。それにしても、一部の宗教が進化論を槍玉にあげるのはどうしてだろう。類人猿と共通の祖先から進化の歴史をたどってきたことが、なぜこれほど多くの人びとを激高させるのか。最近もケニアで、ボニファス・アドヨを筆頭とする司教たちが目をむいて怒るできごとがあった。高位聖職者たちは、見学に来た子どもたちが悪いものに染まるという理由で、ナイロビにある国立博物館に人類の祖先の骨の化石を展示することに反対したのである。無垢な子どもたちが、人類はサルの子孫だと考えるようになっては困る、そんなことは断じて許さん！というわけだった。

一八六〇年、「へなちょこ」と陰口を叩かれたウィルバーフォース・オックスフォード司教と、「ダーウィンの番犬」と呼ばれたトマス・ハクスリーが壮絶なののしりあいをしてからというもの、進化論は何かと強い風当たりを受けてきた。創造論は下火になるどころか、新世界の一部ではいまなお信奉者が多い。もちろん話はキリスト教にかぎったことではなく、イスラム教もまた進化論の受けいれに抵抗している。コーランに書かれていない進化論が正しいと主張することは、全知の神への挑戦であり、冒涜なのである。

知識は力になる。だがその力よりはるかに危険なのは、知識を抑制することだ。それだけはやるべきではない。結局はわが身が危うくなる。世界の人口を一夜で数千分の一に減らし、農民から搾取する経済に戻るつもりがあれば別だが。科学を支配下に置こうとして悲惨な結果を招き、国の発展が頓挫した例は枚挙にいとまがない。

いちばん有名な例として、ロシア生物学の歴史を振りかえってみよう。一九一七年にボリシェヴィキが政権を握った当時、ロシアの遺伝学は欧米より少なくとも一〇年は進んでいた。ところがマルクス本人はともかく、マルクス主義者たちは遺伝学というものに懐疑的だった。進化の発生論は、教育と経済で社会を変革する可能性――マルクス主義革命の大義名分だ――を損なうものと見なされていたのである。遺伝学の教授たちは閑職に追いやられ、ロシア生物学はトロフィム・ルイセンコなる人物の手にゆだねられた。ルイセンコは、植物を新しい環境に適応させるにはストレスを与えるしかないと信じていた。そのせいでロシアでは大不作が起こり、農民は飢饉に直面した。そのあいだに西欧の研究者は着々と成果を積みかさね、一九三〇年代にはルイセンコ以前のロシアのレベルに追いつき、追いこした。それからは差は開くばかりだった。

これほど有名ではないが、イスラム科学の歴史でも同じことがあった。ヨーロッパが暗黒時代でくすぶっていたころ、科学が豊かに息づき、栄えていたのはスペインのアンダルシアからイランまで広がるイスラム帝国各地の都市だった。イスラムの学者たちは古代ギリシャの哲学者の著作を残してくれただけでなく（そうでなければ私たちはアリストテレスやプラトンについて何ひとつ知らなかったはずだ)、現代科学の礎も築いたのである。

その業績を並べると恐れいる。まず彼らは代数学(algebra)を発明した。この言葉自体、八二五年に出版されたアブ・ジャファル・ムハンマド・イブン・ムサ著『移項と約分による計算の書(Hisabal-Jebr w'al-Muqabalah)』の「al-Jebr」に由来している。また世間から誤解され、悪評を受けた錬金術師たちは現代化学の基礎を整え、きわめて高度な実験手法をつくりあげた。

一一世紀の学者ハサン・イブン・アルハイサムは著書『光学』で、視覚と光を数学的・実験的な角度からとらえようとする新しいアプローチを打ちだした。七〇〇年後にニュートンが同名の著書を出すまで、アルハイサムの『光学』はこの分野で最も権威のある書物だった。一三世紀末に活躍した数学者カマル・アルディン・アルファリシは、虹が水滴内の二回の屈折と一回の反射でできることを示した。現代天文学の父であるコペルニクスが一五一五年に惑星の運行を計算したとき、参考にしたのは一三世紀ペルシャの天文学者ナシル・アルディン・トゥシが考案した「トゥシの対円」だった。ちなみにトゥシはアルファリシの師でもある。

ところが一四世紀に入ると科学の繁栄はしぼんでしまう。イスラム教原理主義者たちが、新しい知識の発見は全知の神を損ねるものだと主張して、為政者に哲学と科学を弾圧させたのである。イスラム科学はついに復活することはなかったが、知のバトンはヨーロッパ各地の修道院に受けわたされた。イスラム帝国で教育を受けた学者たちの多くは、修道院に身を寄せたのだ。

そんな過去を繰りかえしていいはずがない。

分子遺伝学は救世主?

創造論者の主張がもっともらしく聞こえるのは、化石証拠が断片的にしか存在しないこともひとつの理由だ。鳥と魚、あるいは霊長類とヒトをつなぐ生き物の化石はどこにある? 生き物がある形態から別の形態へ進化したことを証明する化石は? 鋭い質問だ。古生物学に言わせれば、化石は条件がいろいろ揃ってはじめてできるものだから、数が少ないのも当然だ。それはわからないでもないが、言い訳がましく聞こえるのも事実だ。しかしここ一〇年のあいだに分子遺伝学が飛躍的に進歩して、この問題が劇的な形で解決することが増えてきた。

たとえば鳥。いまの鳥類は、絶滅をまぬがれた小型恐竜の子孫だという説がある。一九九〇年代、中国で羽根のある恐竜がたくさん見つかって話題騒然となり、この説も一気に説得力を帯びてきた。そして二〇〇八年、分子遺伝学の研究によってついに立証されたのだ。鳥類は恐竜の仲間に属する――いや、恐竜が鳥の仲間なのか?

映画『ジュラシック・パーク』を地でいくはなしもある。ハーヴァード大学のクリス・オーガンの研究チームは、六五〇〇万年前のティラノサウルス・レックス――恐竜と聞いてまず思いうかべるやつ――の化石からDNAを取りだすことに成功した。化石からのDNAサンプル抽出は、かなりハードルが高い作業だ。化石は古くなればなるほど、組織が石化して不活性になってしまう。仮に使えそうな組織が残っていたとしても、DNAは劣化が速い。染色体はばらばらになってしまい、残ったDNAは短すぎてほかの種との比較ができないのだ。

首尾よくDNAが取りだせたとしても、遺伝子分析という厄介な作業が待っている。まず、身体の各機能の暗号を受けもっているDNAは、自然淘汰の影響ですぐに大きく変化するので分析に適さない。いっぽう何の働きも持っていないDNAは、偶発的な突然変異でしか変化しない。日常生活にはこれといった貢献もせず、さりとて害にもならない状態で存在している。分析ではこのタイプのDNAを使って、「分子時計」の時間を計る。二つの異なる種が共通の祖先から枝わかれしたあと、DNAの塩基対がいくつ変異したかを根気づよく数えることで、種の関係の近さがわかるし、さらには枝わかれした時代まで特定できるのだ。

北アメリカで見つかったTレックスとマストドンのDNAサンプルを抽出したオーガンたちは、鳥（ニワトリとダチョウ）、霊長類（ヒト、チンパンジー、アカゲザル）、ウシ、イヌ、ラット、マウス、ゾウ、爬虫類、両生類、魚のDNAと比較してみた。

分析によって、まずマストドンはゾウの仲間であることがわかった。これは予想どおりの結果で、おかげで分析の信頼性も高まった。ほんとうの大発見はここからで、Tレックスはニワトリやダチョウにとても近いことが判明したのだ。統計的分析では区別ができないぐらい、三者の関係は近かった。さらにおもしろいことに、このグループには爬虫類のなかで唯一アリゲーター科のワニが属していた。恐竜が世をしのぶ仮の姿なのかもしれない。ただしワニでもクロコダイル科は歴史がとても古い。恐竜が生きていた時代にはすでに地球上にいた。

解剖学者たちは、鳥と恐竜の祖先が共通だとする説に疑問を抱いているが、それは逆に言えば、見た目はいかようにもなるということでもある。外見が大きく異なるからといって、かならずしも関係がないとはかぎらない。一九八〇年代には、私たちヒトとチンパンジーが遠くない過去に祖先が共通だったことが明らかになった。さらに驚いたのは、ゴリラの二亜種（ニシローランドゴリラとヒガシローランドゴリラ）が、ヒトとチンパンジーよりも遺伝子的に遠い関係だったということだ。また、これまでは解剖による所見をもとに、チンパンジーとゴリラとオランウータンが同じ仲間で、ヒトだけ独立しており、全員の共通の祖先は一八〇〇万年前までさかのぼるとされていた。ところが遺伝子の解析で、仲間はずれはオランウータンであることが判明したのだ。ほかの大型類人猿との共通の祖先が一八〇〇万年前であることは変わらない。ただしアフリカ類人猿の系統（ヒト、チンパンジー、ゴリラ）が出現したのは、進化の歴史のもっとあとだったのだ。

この骨は誰のもの？

博物館に眠っている何万という人骨が大変な論議を呼ぶことがある。その人骨が先住民のもので、さらに彼らが抑圧され、現代社会の片隅に押しやられてきた経緯がある場合はなおさらだ。しかも話は骨だけにかぎらない。グラスゴーにある博物館が「ゴースト・シャツ」をネイティブ・アメリカンのスー族に返還したのはつい一〇年ほど前のこと。このシャツはアメリカ合衆国史上最も忌まわしい一八九〇年の「ウンデッド・ニーの虐殺」事件で、死んだスー族の戦士からはぎとられたものだ。

しかし数奇という点では、ケネウィック人の例に勝るものはないだろう。一九九六年、アメリカ合衆国北西部、ワシントン州のコロンビア川で、ほぼ完全な男性の人骨が発見されて騒然となった。人骨の調査を担当した考古学者のジム・チャターズは、この人骨が九〇〇〇年前のもので、しかもヨーロッパ出身らしいと発表した。南北アメリカで出土した最古の人骨だとわかると、たちまち論争が巻きおこる。北アメリカにはじめて人が住みついたのは二万年ほど前で、最初の住民がヨーロッパ（それもスペインあたり）からの移住者だったことは事実として裏づけられている。しかし約五〇〇〇年後には、現代ネイティブ・アメリカンの祖先が到来してヨーロッパ出身者を駆逐した。彼らはシベリアからベーリング海峡を渡ってやってきたのだ……それはまた別の話。

ケネウィック人の出自を知ったネイティブ・アメリカンたちは、オーストラリアのアボリジニのように、自分たちの祖先のすべての骨を埋葬しなおすために、返還せよと声高に要求した。その理由は二つある。先人の骨は敬意をもって埋葬し、後世の人間が守ってしかるべきという主張はしごくもっともだ。アメリカ各地の博物館が所蔵するネイティブ・アメリカンの骨は、部族代々の埋葬地を勝手に掘りおこして持ちさったものが多い。ただしもうひとつの理由には、利権がらみの思惑が透けて見えた。ヨーロッパ人とネイティブ・アメリカンのどちらが先に住んでいたかは、土地の所有権、さらには儲け話に関係してくるのだ。そこにカジノをつくる計画があったりするとなおさらである。

ケネウィック人が見つかった土地は連邦政府所有となり、陸軍が管理することになった。ただちに骨を押収した軍は、地元部族の団体からの要求に応じて骨を引きわたした。それに待ったをかけたのが考古学者たちで、くわしい調査が終わるまで再埋葬しないようにと訴えを起こした。それが一九九八年一〇月のことで、訴訟はいまだ決着していない。ただこの騒ぎの余禄というか、ケネウィック人の正体を確定する必要があったおかげで、この骨はかつてないほど綿密な分析が行なわれている。もしケネウィック人がヨーロッパ出身者だとしたら、アメリカ植民史の記述も少々変わってくるかもしれない。

この一件は、人間の遺物は誰のものかという難しい問題をはらんでいる。古い骨なら人類みんなのもの、と言ってもいいかもしれない。しかし比較的最近のものでも、人口移動のパターン、繁栄と衰退、試練や苦難といった人類全体の歴史について多くのことを語ってくれる。形状や構造など見た目の比較、骨の一部のDNA分析といった表面的な話ではすまないのだ。そうした遺物に対して私たちは何を、どこまでやれるのか。それを決めるのは私たちが用意する問いかけしだいであり、知識が積みあがっていくにつれて、そうした問いかけは複雑なものになっていく。一九四〇年代に入っても、お粗末な発掘手法によって貴重な遺物がどれほど永遠に失われたことか。近年に提起された問いかけでも、無知で見当はずれだったものはたくさんある。ただし新しいテクノロジーの出現によって、状況は大きく変わるだろう。実際ここ一〇年ほどのあいだに、DNA解析のおかげで、歴史のさまざまな側面での私たちの理解は飛躍的に深まった。ただそれもこれも、解析できる骨が手元にあればこそだ。

再埋葬を声高に要求するのは、先住民族ではなくむしろ欧米の知識人であり、その裏には政治的な意図があるという意見もある。博物館という組織も、現代社会での役割があいまいになりつつあり、政府からの圧力とも無縁ではいられないため、世間から非難されるようなことはしたくない。ただそうして神経をとがらせるあまり、こっけいな結果を生むこともある。アメリカの某博物館が、ほこりをかぶっていたイヌイットの骨格標本四体を故郷に戻して埋葬するため、グリーンランドに受けいれを求めた。だがグリーンランドのイヌイットたちは困惑するばかりだった。その骨は自分たちと何の関係があるのか？

こうした骨をめぐるいさかいは、欧米科学VS先住民族の権利と感情、といった図式で見られることが多いが、いつも対立ばかりしているわけではない。ロンドンのスピタルフィールズにあるクライスト教会で、埋葬されている骨を自然史博物館に移転する話が持ちあがった。研究者は骨の数々を、詳細な家系情報と突きあわせて調べることができた。肖像画を含むそうした情報は、子孫たちが快く提供したものだ。祖先の歴史を見えないところにしまいこむのではなく、より深く掘りさげ、祝福するために科学に協力してほしい――そんな働きかけさえ怠らなければ、すべての関係者が納得できる成果が得られるし、さらにはダーウィン進化論をより大きな視点で理解することにもつながるだろう。

Part Ⅳ

文化・倫理・宗教とのつながり

第15章　人間ならではの心って？（志向意識水準）

人間と動物を区別するものは何か？　この疑問は、おそらく私たちが種として存在しはじめたときからつきまとってきた。答えは簡単ではない。しかも昨今は分子遺伝学が進歩して人間と動物の差が思いのほか縮まり、私たちの自尊心もそこはかとなく脅かされている。それでも人間が動物と明らかにちがうのは、知性の有無だということになっている。人間が築きあげた文化は、進化が成しとげた最大の業績だろう。私たちが文化を産みだせたのは、ひとつには省察する能力があるからだ。省察とは自分の心を省みることであり、他者の感情や信念にも考えをめぐらせることである。

相手の心を読む

相手の心の内に思いをはせる――子どもがこの能力を身につけるのは四、五歳のころだ。心理学的に言うと「心の理論を獲得する」ということになる。三、四歳児は天然の行動学者だ。他者を操るすべを心得ている。冷蔵庫のチョコレートを食べたのは誰？と問いつめられても、窓から飛びこんできた緑のこびとが食べたと言いはれば、おとなは信じると思っている。けれどもなぜそんな言い訳が通用するのかわかっていないし、口のまわりについたチョコレートでバレバレなのもご存じない。しかし心の理論ができあがると、他者のものの考えかた、感じかたを操作できるようになる。つまり効果的なウソがつけるようになるのだ。行動の裏にある意図をたくみに読みとるところなど、心理学者顔負けだ。

この心の理論こそ、人間と動物のあいだに流れるルビコン川だった。動物の精神世界は三歳児のままで止まっている。だがほんとうに動物は心の理論を持っていないのだろうか？　それは長いあいだ動物行動学の研究者が抱いていた疑問だ。遺伝的に私たちにいちばん近く、いちばんいとおしい類人猿は、この特徴を持っていないのか？　イルカは、ゾウは？　ただ悩ましいのは、動物が心の理論を持つことをたしかめるには、どんな実験をすればよいかということ。それは思ったほど簡単ではない。

それでもセントアンドルーズ大学の二人の心理学者が、この問題に切りこむ斬新な手法を考えだした。エリカ・カートミルとディック・バーンは、ごほうびの隠し場所を指示させるといった人為的な行動を要求するのではなく、類人猿の自然なふるまいから、相手の心を理解しているかどうかを読みとる道を選んだ。

実験は、オランウータンの希望をあえてくじくというたってシンプルなものだ。オランウータンの前に、好物のバナナがのった皿と、嫌いなネギがのった皿を用意する。オランウータンが食べ物を求めたら、実験者はあるときはバナナを全部やり、別のときはネギを全部やる。またバナナを半分だけ渡すこともある。それぞれの場合でオランウータンの次の行動を調べた。「実験者は自分の要求を誤解している」とオランウータンが考えたら、正しい要求をわかってもらうために、前回とまったく異なる身ぶりをするだろう。でもバナナを半分もらったときは、もう一度やれば残りも手に入ると思って、前と同じ身ぶりを繰りかえすのではないか。実際にやってみると、そのとおりの結果になった。

こうなると、類人猿は他者の心を理解できると考えてもいいかもしれない。人間と動物のあいだにはルビコン川が流れているが、大型類人猿はかぎりなく私たち寄りだ。もちろん、いくら近いと言ってもせいぜい人間の幼児並みだし、いずれ小説を書けるようになるわけでもない。それでも彼らには、自分がいま見ている以外に、別の世界があるのではないか？と想像できる。そんな疑問を抱くことは科学の出発点だ。人間でも日々の生活に追われるばかりで、そんな想像の翼をはばたかせる余裕のない人はたくさんいる。

ヒトと動物の「誤差」

私たち人間は、動物にも心があると当たり前のように思っている。それは「心情を表現する」という行為が、生活のすべてに浸透していることの裏返しでもある。哲学者のダニエル・デネットは、それを「志向姿勢（intentional stance）」と呼ぶ――他者にはそれぞれ独自の心があり、それがこちらの精神の中身にも（あからさまではなく直観的に）反映されるという認識だ。だが動物が持っているのはどんな心なのだろう？　私たちの心とどうくらべればいいのか？

心理学者たちは、およそ一世紀前から心の探究に力を注いできた。その流れで記憶と学習の仕組みや、動物の問題解決行動、つまり迷路の出口にたどりつく方法などもくわしくわかってきた。しかし同時に、基本的な認知プロセスということでは、どんな動物でも大差ないことが判明してしまった。

思うに私たちは、その結論にいささか不満なのではないだろうか。それはちょうど、家を建てるのに必要なレンガ、モルタル、スレート、材木、窓枠の詳細を渡されただけで、どんな家にするのか、なぜそこに建てるのかをまったく知らされないようなものだ。あるいは車の部品ひとつひとつについて事細かな説明を受けても、それらがどうやって車を走らせるのか、なぜ車を動かしたいかについては一言も触れないとか。私が思いうかべるのは鉄道オタクだ。連中はエンジンの型番はすっかりそらんじているのに、そもそも機関車が何のためにあるのか疑問に思ったこともない。

もっともサルや類人猿（少なくともその一部）を、ありふれた哺乳類や鳥類と同列に扱えないのはちゃんと理由がある。彼らは、複雑な社会的関係に対処できる能力が抜きんでているからだ。それを可能にしているのは「社会的認知」である。彼らができてほかの動物にできない行動がある、ということではなく、重要なのは行動のしかただ。

霊長類には、ほかの動物に見られない独特の行動がある。ディック・バーンとアンディ・ホワイテンが分析した「戦術的欺き」もそのひとつ（第2章を参照）。これは、自分の振るまいが他者にどう誤解されるか、しかもそれで自分がいかに得をするかわかっているからできる芸当だ。

しかし、サルと類人猿が（ほかの動物のように）ただ行動するのではなく、（人間のように）相手の心を読むという考えかたはしだいに下火になっていった。ヒト以外の霊長類にそうした能力があると一般化できる証拠はないからだ。他者の心を読めると確認されたのはかろうじて大型類人猿のみである。それも直接的な証拠ではない。チンパンジーが他者の立場を理解したという実験結果はたくさんあるが、では彼らが心の理論を完全に身につけているかというと根拠があいまいになる。ある研究では、「誤信念課題」と呼ばれるテストを人間の子どもなら苦もなくこなしたが、チンパンジーにはできなかった。そうかと思うと別の研究では、チンパンジーは自閉症患者（他者の気持ちを読みとる能力が劣る）よりは課題をこなせたものの、正常な四歳児より上には行けなかった。四歳というと、相手の心を読みとる能力がまだ発展途上の段階だ。カートミルとバーンがオランウータンを使った斬新な実験を試みたのも、このように過去の結果がまちまちだったからだ。

とはいうものの、サルや類人猿の社会的関係はとても濃密かつ個人的で、ほかの動物に見られる関係とは明らかに中身が異なる。私の知る唯一の例外はイヌだ。イヌは長い時間をかけて、密度の濃い社会的関係を持つように品種改良されてきたとも言える。ただイヌが見せるそうした振るまいが、サルや類人猿と同じ心理メカニズムに支えられているものなのか、それとも表面をなぞっただけなのかはまだわからない。

それでも相手の心を読む能力は、ほんとうのところ人間と動物の決定的なちがいは何か、という疑問を解く足がかりになる。相手の心の中身を推察する能力は志向意識水準（intentionality）と呼ばれている。「～だと思う」「～と考える」といった言いまわしができるのは、自分の心の内を了解しているからであり、それはいわば一次志向意識水準だ。哺乳類および鳥類のほとんどは、一次志向意識水準を持つと言ってもいいだろう。

さらに興味ぶかいのは、「きみは……と思ってるんじゃないか」、すなわち他者の心の内に意識を向ける能力だ。これはレベルが上がって二次志向意識水準になる。心の理論ができあがったばかりの五歳児はこの段階だ。こうやって志向意識水準のレベルはどんどん上がっていき、正常なおとなならだいたい五次志向意識水準まで到達するが、ほとんどの人はそこどまりだ。「私が思うに（1）、きみはこう考えてるんだろう？（2）、つまり私が望んでいるのは（3）、私が……するつもりだと（4）、きみに信じてもらう（5）、ことなんだと」

こんな風に志向意識水準は上へ上へと積みあがっていくので、動物の社会的認知能力を測るものさしにもなる。人間が五次志向意識水準までだとすれば、チンパンジー（きっとその他の大型類人猿も）は二次、サルは一次までだ。さらにこの能力差は脳の前頭葉の大きさと比例する（脳のそれ以外の部分は無関係）。このことは二つの点で興味ぶかい。第一に、脳は視覚情報の処理領域がある背後側から前に進化してきたということだ（とくに大脳のいちばん外側をおおう薄い新皮質は歴史が新しく、哺乳類にしかない。「思考」に関連する複雑な行動のほとんどはこの新皮質が担当している）。そのなかでも前頭葉は、「遂行機能」（ざっくり言いかえるなら、意識的な思考ということだ）と呼ばれる能力と結びついている。第二に、新皮質、それも前頭葉が大きいのは霊長類だけの特徴である。つまりこうした部分に支えられている心理的能力は、霊長類独自とまではいかなくても、霊長類で最も顕著に発達しているということだ。

ではサルや類人猿はどんな能力を持っているのだろう？

サル、類人猿、ヒトで異なるのは能力の種類ではなく、むしろ能力を発揮できる程度ではないかと私は思う。それはすべての哺乳類と鳥類が生きていくための基本能力でもある。たとえば因果関係を把握する、類推する、二つかそれ以上の世界モデルを同時に動かす、その世界モデルを未来の状況に当てはめるといったところか。これらの能力があわさって大きなスケールで展開されるときに、心を読む能力がふと出現するのではないだろうか。それは特殊な能力のように思えるし、ある意味それは当たっているが、霊長類とかヒトだけに限定されるものではない。ほかのみんながやっていることをもっと上手にやっているだけだ。そう考えると、ネズミからヒトまで、哺乳類を構成するさまざまな種のちがいは、しょせん計算上の「誤差」にすぎないようにも思えてくる。

内なる限界

人間の知性は詩を生みだし、現代科学をもたらしたが、その知性といえども有限であると思いしらされるときがある。たとえば私たちは、単純な二分法に陥ってしまうことがあまりに多い。「賛成か反対か」「左か右か」「容認か排除か」「敵か味方か」という区別を単純に当てはめてしまうのだ。アフリカ南部で昔ながらの生活を営み、かつてはブッシュマンとも呼ばれていたサン族は、自分たちのことを「ズー・トゥワシ」と称する。これは「ほんとうの人」という意味で、つまりはサン族とそれ以外の人間を区別しているのだ。

私はいつも思うのだが、科学の世界でも二分法があまりに氾濫している。光の性質をめぐる有名な論争もそうだ。光は粒子なのか、それとも波なのか？　一九世紀には、地質学界で天変地異説と斉一説が鋭く対立して大論争になった。天変地異説はフランスの分類学者ジョルジュ・キュヴィエが唱えたもので、洪水や火山噴火といった環境の大激変がそれまでの生物を根絶やしにし、その後新しい生命が出現したというもの。いっぽう斉一説は、地質的な現象は長い時間をかけて少しずつ起こっていったとする考えだ。こちらの中心人物は、イギリスの地質学者であり、ダーウィンにも影響を与えたサー・チャールズ・ライエルだった。

生理学の世界でも似たようなことがあった。一九世紀なかば、イギリス人のトマス・ヤングとドイツ人のヘルマン・フォン・ヘルムホルツが、いまではおなじみの「色覚三原色説」を提唱した。その後の研究で、赤・緑・青の三原色それぞれに反応する錐体細胞が網膜にあることが確認され、この説は正しいことが証明された。ところが数十年もたって、ドイツの生理学者エヴァルト・ヘリングが、実験結果をもとに「反対色説」を唱えた。視覚システムは青と黄、赤と緑という組みあわせで色を認識しているというものだった。

二分法でおもしろいのは、あれだけ白熱した議論が、どちらの説も正しいと指摘されるときれいに収束することだ。光は場面によって波になったり、粒子になったりする。現実を踏まえて、分析に都合が良いほうを選べばよい。進化の速さも時と場合によって変わる。火山の噴火や隕石の落下が起これば、生物が大量に死滅するのでたしかに進化は加速するだろう。しかしそうでないときは、たまに起こる突然変異を軸にしたのんびりしたペースで進むだろう。色覚に関する二つの説も、視覚情報を分析するシステムのちがいにすぎない。網膜は三原色で光をとらえるが、脳の視覚皮質は四色で視覚情報を分析するのだ。

同様の例はほかにもある。たとえば哺乳類の音の知覚をめぐっては、「場所」派と「周波数」派に分かれて激しい議論になっていた。音の高さは、蝸牛が伝達した振動が、コルチ器官のどこに到達するかで決まるというのが場所派の主張（内耳にあるコルチ器官は、とても敏感な膜におおわれている。この膜の振動が二万個もの有毛細胞に伝わり、音波を神経信号に変換して、脳の担当領域に送りこむ）。

いっぽう周波数派は、コルチ器官自体の振動数が高さを決定すると考えた。結論はどうかというと、どちらも正しい。低音は周波数で、高音になるとコルチ器官内の場所にもとづいて処理されているのだ。

数学の世界ももちろん例外ではない。一七六四年、イギリスの長老教会牧師で、王立協会フェローだったトマス・ベイズが生前に書いた論文が出版された。内容は信念や信頼にもとづいた確率論で、いかなる状況にも適用できる定理がひとつだけという、いたってシンプルなものだった。しかし数学者たちは、この確率論にいい顔をしない。コインを投げて表と裏のどちらが出るかといった、客観的な事実の頻度によって確率を定義するべきだと考えたのだ。こうしてベイズと彼の確率論は一度は忘れられた。しかし最後に笑ったのは彼だった。確率の頻度理論は、ベイズの定理の特殊例にすぎなかったのだ。

「生まれか育ちか」というおなじみの論争も一定間隔で再燃するが、そのたびに同じところで決着する。まるでそれ自体が自然法則のようだ。一九四〇年代の「生まれか育ちか」論争は、知能指数の遺伝をめぐって起きた。五〇年代は本能をめぐる行動生物学の議論の流れで出てきた。七〇年代には、社会生物学の分野で起こった大論争のなかで意見が衝突した。九〇年代に入ると、進化心理学という新しい分野が登場したことにからんで、社会科学や心理学主流派の研究者たちがこの議論を蒸しかえした。どの場合も、生物において遺伝の影響と環境の影響はそうはっきり線引きできるものではないという発言がかならず最後に出てくる。光は波か粒子かという話と同じで、その場に応じてどちらかだけ採用して論じるのが好都合ということだ。

私たちの頭脳は、連続性を扱うことが不得手なのだ。異なる次元でいくつもの変数が相互に作用するときはなおさら苦手になる。単純な二分法に走りたがるのも、そうすれば難しいことを考えなくてすむからだ。日常生活をうまく乗りきる経験則がたくさん身についたのは、ひとえに進化のおかげだろう。けれどもそれはうわっつらだけの話。科学のほんとうの中身はきわめて複雑で、二分法的な思考では歯が立たない。知識の広がりを脅かすのは、ほかならぬ私たちに内在する限界なのだ。

私はひそかに、ジョゼフ・プリーストリーによるフロギストン説をよみがえらせる化学者が現われないかと心待ちにしている。プリーストリーの宿敵アントワーヌ・ラヴォアジェ――ルイ一六世の徴税請負人だったために断頭台の露と消えた――は、物質の燃焼は空気中の酸素との反応だと考えた。ところがプリーストリー（および同時代のほとんどの人）は、物質中のフロギストンが放出されることだと主張した。数字に強かったラヴォアジェは、燃焼後の物質は重量が増えていることを示して、何かを放出するのではなく取りこんでいるはずだと証明した。これが原子論への道を開くことになる。もちろんラヴォアジェの酸素説がひっくりかえることはぜったいにない。けれどもプリーストリーほどの偉大な化学者が、完全にまちがっていたとはどうしても思えないのだ……。

私たちがものごとを正しく考えられない残念な例はほかにもある。まだ電子メールがなかったころのこと、月曜朝のポストに茶色の大きな封筒が入っていた。何とそれは不幸の手紙だった。手紙には「お金は送らないで！」と書かれていた。そのかわり四日以内に手紙のコピーを友人や同僚五人に送ること。「さもないとあなたは不幸になります」——それだけの内容だ。

昔ながらの経験主義を引きずる私は、当然のことながら速攻でゴミ箱に捨てるつもりだった。そうしなかった理由はただひとつ、アメリカからはじまったこの不幸の手紙には、これまでの送り主の手紙も同封されていたからだ。私は好奇心からそれらの手紙に目を通した。

おもしろいのは、送り主（ちなみに全員が本職の科学者だ）が迷信ぶかいと思われたくなくて必死なことだ。「ジム、こんなくだらない話をぼくが信じていないことはきみも承知だろう。それでもこれを送るのは……」とか「私は子どものころから、この種のチェーンレターが大きらいで、全部自分のところで止めていました。でも今回は……」とか。

どうして今回は送ったのか？　その答えは簡単で、不幸への恐怖である。どの手紙も、理解を求める言葉で締めくくられていた。「いま補助金申請の結果待ちだから、何かあったらと思うと……」「来週、就職の面接を控えているんです。ご存じのとおりこのご時世なので……」

さて読みおわった私はというと、少々不遜な笑いを浮かべながら手紙の束を封筒にしまい、古紙リサイクルの回収箱にどさりと落とした。その週は出かける用事が入っていたし、翌日は自分がまとめ役の会議が予定されていた。むろん原稿の締めきりも次々と容赦なく押しよせていた。

私はもっと早い段階で気がつくべきだった。不幸の手紙を捨てた翌日、火曜日の会議はのっけからつまずいた。プロジェクターの延長ケーブルが用意されておらず、ようやく一本見つけてきたとき、遅れに遅れた最初のセッションはとっくにはじまっていた。水曜と木曜は、二つの講義をダブルブッキングしていたことが判明。木曜日は後ろ髪を引かれる思いでミーティングを切りあげ、ランチタイムの出版記念パーティに出席するためにロンドンの反対側まで出かけたら、パーティは一週間先だった。夜帰宅したら、妻がインフルエンザで寝こんでいた。それから週末にかけて家族がひとり、またひとりと倒れ、最後に私の番が来た。病気で仕事を休んだのは二五年ぶりだ。二人の息子は三九度の熱を出し、娘は学校にあがって一一年目にして初の病欠になった。

これが偶然の連なりであることは、あなたも、そしてほかならぬ私もよくわかっている。けれども五つ（いや九つか？）の不運が同じ週に起こったとなると、ちょっと考えこんでしまう。確率的には一〇〇万分の一ぐらいか？　迷信や星占いを信じたくなる気持ちもわからないでもない。

けれども落ちついて分析してみれば、確率は思ったほど低くないことが判明する。家族がドミノ倒しのようにインフルエンザにかかったことは、ひとつ屋根の下に暮らしていれば大いにある話だろう。しかもその冬のインフルエンザは例年になく悪性だった。子どもたちがそれぞれ通う学校では、生徒の半分が欠席というクラスもあったほどだ。家族が全員寝こんだところも少なくなかった。

講義のダブルブッキングも、新学期最初の週は混乱しているのでまま起こることだ。技術的な問題で会議のセッションが遅れることもよくある。でも一週間も先の予定のために、ロンドンをわざわざ半周して時間をむだにしたのは――これはさすがに、よくあることでは片づけられない。がしかし……私が手帳にその予定を記入したのは、六週間前に招待を受けたときだった。そのときは、まさか不幸の手紙を受けとるとは誰も予想していなかった。あの手紙自体、まだはじまっていなかったかもしれない。そんな前のことまで計算に入れるのはいかさまというもので、せいぜい運命の女神が判断材料にするぐらいだろう。

そもそも不幸の手紙には四日間の猶予が与えられていた。何かあるなら金曜日以降だったはずだから、あのとき私を襲ったできごとは「不幸」に勘定してはいけないのだ！　実際のところ、金曜日からの一週間は、インフルエンザにかかったばかりということをのぞいて、悪いことは何も起こらなかった。

不幸の手紙を捨てたことと、私がひどい目にあったことに因果関係は存在しない。そもそも、悪いことが起こる確率はけっこう高いのに、私たちが気づいていないだけかもしれない。たまたま不幸の手紙を受けとって意識がそっちに向くと、後づけで証拠を探してしまうのだ――それは明らかに非科学的な振るまいだ。

まあ不幸の手紙をあまり悪者にしてはいけないだろう。おかげで記事のネタがひとつできて、そこそこの原稿料がもらえたわけだから……かたじけない。

第16章　カルチャークラブに入るには（文化）

「われ思う、ゆえにわれあり」と宣言したのは一七世紀の哲学者で数学者のルネ・デカルトだ。さらにとってつけたように、動物は言葉を話せないから考えることができない、したがって機械のようなものだと述べた。以来私たちは、デカルトの影を引きずった「動物と人間」の二分法で生きてきた。この二分法がいちばん深く根づいて、人間とそれ以外の動物とのあいだに大きな溝を掘ったのが社会科学の分野だろう。この世界では、動物をモデルにして人間の行動を研究するのは完全に見当ちがいであり、人間とけだものを区別する最大の目印は文化と言語だとされている。

人間の文化・動物の文化

もちろんその根底には、文化と言語という二つの現象が人間独自のもの、という前提がある。そして人間の名誉を守ろうとするあまり、こっけいなほど過剰な反応が起きたりする。動物に言語、あるいは文化があることを証明しようとすると、そのたびにゴールポストの位置がずらされる。最初は道具を使えるのが人間ということになっていたが、道具を使う動物の存在が明らかになると、今度は道具をつくれるのが人間だという定義に変わった。

私たちがそれほどまでに守りたい文化とは、いったい何なのか？　いまから半世紀前、アメリカの人類学者アルフレッド・クローバーとクライド・クラックホーンが人類学と社会科学の論文を分析したところ、文化の定義がおよそ四〇種類にもなった。これらは大きく三通りに分けることができる。まず、文化は人間の頭脳が生みだした発想だとするもの（社会規範、儀式の手順、信念など）。次に、文化は人間の頭脳が生みだした製作物だとするもの（道具、陶器やその装飾、衣服などのいわゆる物質文化）。そして言語とその産物を文化とするもの（シェイクスピアからボブ・マーリーまで含まれる、いわゆる高級な文化）。最後の定義は、人間を支える重要な柱である言語をひっぱりだしている。ゴールポストがまた動いたわけだ。

こうした堂々めぐり（言葉を持つのは人間だけ、ゆえに文化は人間しか持たない、なぜなら文化イコール言語だから）はさておき、文化のさまざまな定義を見ているとふと疑問が湧く。人間の行動はほんとうに人間だけのものなのか？　動物の心はからっぽなのか。彼らには世界観みたいなものはないのか。チンパンジーがハンマーとかなとこを使って木の実を割るのは、物質文化と呼ばないのか？

ケンブリッジ大学のウィリアム・マックグルーは、製作物こそ人間独自の文化だとする考えかたを厳しく批判する。彼は著書『文化の起源をさぐる——チンパンジーの物質文化』(中山書店)のなかで、人間が使えば道具になるのに、なぜチンパンジーが使ったら道具として認められないのかと疑問を投げかけた。アフリカで三〇年にわたってチンパンジー観察を続けてきたマックグルーは、ハンマーから探針、釣り道具、スポンジまで、彼らが自然にあるものを利用したり、手作りした道具をたくさん挙げてみせる。もしそれらが説明書きなしで博物館に展示してあったら、ヒトと類人猿のどちらが使ったのか区別できないはずだ、と。マックグルーによると、チンパンジーの道具と原始的な人間社会で使用されていた道具のちがいは、チンパンジーは保存容器を持たず、魚やけものを捕る罠をつくれなかった、その二点だけだという。

動物の文化としてよく紹介される次の二例は、あまりに有名なのでもはや伝説の域に達している。ひとつは牛乳びんの蓋をあけるアオガラ。これは一九四〇年代のイギリス南部の話で、アオガラが牛乳びんの紙蓋を開け、表面のクリームを吸いとるやりかたを覚えたところ、ほかのアオガラもまねをするようになった。もうひとつはイモを洗うニホンザル。イモという名の若いメスがサツマイモを海水で洗って食べたのを皮切りに、群れ全体にこの食べかたが広まった。

しかしどちらの例も、ここ数年心理学者から厳しい攻撃にさらされている。当時のデータをていねいに検証しなおした複数の報告では、文化的に学習する行動にしては、伝播のスピードが遅すぎると指摘された。サツマイモ洗いは群れ全体に広がるまで何十年もかかったし、しかもまねをしたのは若いサルだけで、年寄り連中はついにとりいれることがなかった。こうした新しい習慣が広がるのは、もっと単純なプロセスなのではないだろうか。誰かがやってるのを別の者が注目し、それからは試行錯誤で問題解決を学んだというだけだ。これが人間ならば、先に習得した人から問題の本質を解説してもらいながら指導を受けることもあれば、ひたすら模倣だけで身につけることもあるだろう。それが人間の文化と動物の文化のはっきりしたちがいだ。

ライプツィヒにあるマックス・プランク進化人類学研究所の心理学者マイケル・トマセロなどは、最近のこうした見解を受けて、動物には人間と同じ意味での文化がほんとうにあるのか?と疑問を投げかける。もっともすぐ結論に飛びつくのではなく、まずは問われている疑問を心に留めておこう。トマセロが関心を持っているのは伝播のメカニズムだ。いっぽうマックグルーのような霊長類学者は、動物の行動そのものに興味がある。合理的かつ操作的な定義をもってすれば、チンパンジーには文化があることになる。しかしトマセロが指摘するように、チンパンジーが文化を学習する方法がヒトと同じかどうかは、疑いを持ってしかるべきだろう。そこで「文化を生みだす能力」と「文化を発展させる潜在性」を区別するのもひとつの考えかただ。類人猿は野球帽をうしろ向きにかぶるなど、環境とのからみでさほど必然性がなくても、成りゆきで新しい行動を身につけることがある。けれども過去に誰かが達成したことを土台にして、新しいことを切りひらいていく能力は人間にしかない。もし文化というものがあるとすれば、科学はその代表選手だと思うが、アイザック・ニュートンは科学が進歩するには「巨人の肩」に乗ることが不可欠だと考えた。まさにそれが「文化を発展させる潜在性」ということだろう。

ひっくりかえった常識

当然のことながら、私たちが人間の文化と見なすものは、言葉に深く根ざしている。何かを説明するとき、教えるとき、儀式で詠唱するときに私たちは言葉を使う。デカルトが言うように、動物はそんなことをしない。でも彼らは声を出さないわけではない。イヌは吠えるし、サルはキーキー鳴く。こうした鳴き声は彼らの情動と直結しているというのが、これまでの常識だった。イヌが吠えるのは、興奮が一定レベルを超えたときに声帯が震えるから、というわけだ。ヒトも叫んだりうなったりして似たような声を出すが、それ以外にも意味のある一連の音を任意で発声することができる。ミツバチが花蜜のある場所の方角と距離を伝える羽音もよく話題にされるが、これも言葉とは呼べないだろう。かぎられた特定の状況でしか使われないからだ。相手の健康を気づかったり、お悔やみを伝える羽音というのは存在しない。

それでも最近の研究結果から考えると、少なくともサルと類人猿に関しては、これまでの常識をひっくりかえす必要がありそうだ。ペンシルヴェニア大学のドロシー・チェイニーとロバート・セイファースは、ケニアのアンボセリ国立公園で独創的な実験を行なった。対象は野生のサバンナモンキーだ。隠したスピーカーからサバンナモンキーの鳴き声を流して反応を調べたところ、彼らの鳴き声は多くの情報を伝達しており、しかも発声者の行動に大きく左右されることがわかった。彼らはヒョウ、猛禽、ヘビを鳴き声で正確に表わす。ほかの仲間が何かやろうとしているぞとか、自分に近づく仲間が上位か下位かといったことを、グラントと呼ばれる低いうなり声のちょっとしたちがいで表現する。チェイニーらがボツワナで行なった最近の研究では、ヒヒは怒らせてしまった相手をなだめるためにグラントを発するのだが、それはもう謝罪と呼んでいいレベルだった。かつてヒヒのグラントはこれ一種類しかないと思われていた。

どうやら動物の発声には、私たちが思っている以上に豊かな意味があるようだ。無知な者が聞いたら同じような音でも、実際はとても複雑なやりとりが行なわれている。ヒト以外の動物の言葉に関しては、私たちはまだ初心者にすぎない。それを解読できるようになるのはまだ先のことだ。

それでも、チンパンジーに言葉を教える試みはかなりの成果をあげている（詳細は第17章で）。これまでにチンパンジー十数頭と、ゴリラとオランウータンが一頭ずつ訓練を受けているが、めざましい成果をあげているのはチンパンジーだ。出された指示に従い、質問に答えるチンパンジーの認知能力は人間の幼児と同じレベルだった。しかしさらに驚きなのは、チンパンジーとほぼ同等のことをこなす鳥がいたということだろう。みんなに愛され、惜しまれながら世を去ったオウムの一種、ヨウムのアレックスは、英語での会話までやってのけたという。

高次元の文化

それでも動物には決定的な障壁がある。もっと高次元の文化に進んで、宗教的な儀式とか、文学とか、さらに科学を生みだすには、自分の殻から出て客観的な視点で世界を眺めることが不可欠だ。それには「何が起こったのか?」だけでなく、「どうしてそうなったのか?」という問いかけができなくてはならない。だが動物は、あるがままの世界を受けいれているようだ。自分の利害だけを気にする小さい視点を離れ、いまとはちがう状況を想像できるのは人間だけの能力だろう。子どもの「どうして?」攻撃におとながいらだつのも、人間ならではのことなのだ。

一歩下がってものごとを見られる能力を社会的な場面で発揮できれば、「心の理論」が充分に発達していることになる。心の理論ができていれば、他者の心の内を理解したり、さらにはその知識を武器に相手を利用したり、意のままに動かすことも可能だ。この能力は生まれたときにはなく、だいたい四歳ごろに獲得するが、なかには自閉症者のように一生身につかない者もいる。心の理論がまだできていない子どもは、巧みなウソがつけないし、なりきり遊びもできない。そればかりか心の理論がないと小説は成りたたず、科学や宗教も存在しない。どちらもありえない世界を想像できないと話にならないからだ。

これほどの高みに到達した動物はいない。サルは相手を欺くことはするが、それはせいぜい三歳児レベルのもの。他者の行動を読んでつけこむことはできても、他者が自分とはちがう考えを持っていることは理解できない。唯一の例外は、前章で見たようにやはり大型類人猿ということになる。

文化こそ、ヒトとそれ以外の動物を線引きするもの――そんな主張にいつまでもこだわっていると、遺伝的排他主義と言われるだろう。もちろん言語と同じように、人間の文化にはほかの動物には見られない側面がたくさんある。ただしそれは、文化という連続体の頂点に近い部分にすぎない。おそらく問題はそこだ。私たち人間は連続性でものを考えることがとにかく苦手で、すぐに単純な二分法ですませようとする。だが言語の文化も単体の現象ではない。それを支えているプロセスの多くは、人間以外の動物（の少なくとも一部）と共有しているのだ。

シェイクスピアの六次志向意識水準

これだけは人間以外にはできないと断言できるものがある。それはフィクションの世界を構築することだ。そもそも動物は、物語というものを理解できない――言葉を持たないことももちろんあるが、想像の世界だけのお話、という概念がはなから理解できないのだ。もし言葉を持っていても、額面どおりの意味に受けとってしまい、存在しない世界の記述にとまどうばかりだろう。

ウィリアム・シェイクスピアが『オセロ』を書いている。主要な登場人物はオセロとイアーゴー、それに不運なデズデモーナの三人。この話が悲劇になるためには、イアーゴーの策略がまんまと当たらなくてはならない。それは、デズデモーナが誰かに恋しているとオセロに思いこませることだ。こうして三層の入れ子構造の心理が舞台上で展開する。さらに説得力を出すために、シェイクスピアはキャシオーなる人物を登場させ、デズデモーナの恋人に仕立てる。それでもデズデモーナがキャシオーに一方的に熱をあげるだけなら、オセロもそれほど気に病むことはなく、妻のちょっとしたよそ見で話がすんでいたかもしれない。だがオセロはイアーゴーに耳打ちされた話に踊らされるのだ。なぜか？　キャシオーがデズデモーナの気持ちにこたえたと信じたからにほかならない。オセロの苦悩は極限に達して、ついにあの行動を起こしてしまう。シェイクスピアは物語をおもしろくするために、第四の人物キャシオーまで動員して、彼とデズデモーナが相思相愛だとオセロに信じこませたのだ。

だがこれで終わりではない。この設定を観客が素直に信じてくれなければ、舞台はだいなしだ。となると観客の心理（舞台を見る人はこう感じるだろうという予想）も計算に入れる必要がある。月曜の朝、エリザベス朝のロンドンで羽根ペンを手にとったシェイクスピアは、最低でも六次までの志向意識水準を操作しながら戯曲を書いていくことになる。イアーゴーは、デズデモーナがキャシオーを愛し、キャシオーもデズデモーナを愛しているとオセロが思いこむことをねらっている。そんな思惑を観客に納得させるのが、シェイクスピアの筆の見せどころというわけだ。

もっとも自分の意図だけなら、平均的な成人は誰でもやっていることなので難しくない。ただシェイクスピアは、観客を限界に挑戦させる。観客に五次志向意識水準まで了解させつつ、物語を進行していかなければならない。それをみごとにやってのけたからこそ、シェイクスピアは偉大な劇作家として歴史に名を残している。

私たちの目下の問題は、それができるのは人間だけということだ。チンパンジーが認知できるのは（せいぜい）二次志向意識水準、つまり自分の意図を認識し、相手の意図を見透かすことまで。だからチンパンジーがタイプライターをいくらたたき続けても、『オセロ』を書きあげることはできない。何百万年もやっていればひょっこり同じものができあがるかもしれないが、それはあくまで統計的にはありうるという話だ。『オセロ』を書きあげたチンパンジー自身は話の展開を「志向」していたはずがないし、観客がそれについてこられるかといった発想もむろんない。イアーゴーがオセロに何か言おうとすることまでは理解できても、イアーゴーが自分の言葉をオセロにどう解釈させたいのかまではわからないだろう。三次志向意識水準を持たないかぎり、それを理解することはできない。

文学作品をちょっと読みかじるとき、たき火を囲んで物語を披露するとき、私たちは空想の世界に遊んでいる。それができるのは人間だけで、現存するどんな動物もそこまでの認知能力は持っていない。大型類人猿であれば、他者の心境を想像してごく単純なお話を組みたてることはできそうだ。ただ登場人物はひとりが限度。いや、もしかすると三次、四次志向意識水準までは持てるかもしれない（人間でいうと八〜一一歳の認知能力に相当する）。けれども、シェイクスピアやモリエールとまでは行かなくても、これぞ人間の文化と呼べるような洗練された物語を、自ら志向して紡ぎだせるのはヒトの成人だけである。

もっともほとんどの人は、五次志向意識水準までが能力の限界だろう。偉大なストーリーテラーは、その限界ぎりぎりのところまで観客を押しやって心を揺さぶり、感情をかきたてる。そのためには作者自身が六次志向意識水準まで持つ必要があるが、それができる人間は全体の四分の一もいるかどうか。やっぱりシェイクスピアは天才なのだ。

第17章　脳にモラルはあるのか？（道徳）

一九〇六年、ニューヨークのブロンクス動物園で、ゴリラの檻の隣にアフリカのピグミーの男性、オタ・ベンガが「展示」されて大人気となった。彼はやがて自由の身になったが、二年後に自殺した。アメリカの暮らしになじめなかったのか、一文なしで故郷コンゴに帰ることもかなわず、絶望したのか。いまにして思うと、このできごとは由々しき人権侵害であり、オタ・ベンガは露骨な人種差別と残酷な仕打ちの犠牲になったと言える。

人種に関係なく、すべての人に等しい権利を認めようという近代的な発想は、人間はみんな同じ「種類」だという信念を反映している。たしかに私たちは人種に関係なく、人間としての一定の特徴（とくに道徳性）は共有している。だがそうした権利を他人に認めることに関してはどうだろう？　なぜ私たちは認めるべきだと思うのか？　そうでない場合はどこで線引きするのか？　これは何世紀も前から哲学者を悩ませてきた問題だが、神経科学のめざましい進歩によって、ここに来てついに答えが得られるかもしれない。

「トロッコ問題」を神経心理学で解く

一八世紀スコットランド啓蒙主義を代表する哲学者デヴィッド・ヒュームは、道徳は基本的に感情の問題だと述べている。自分や他者がどうふるまうべきかという判断は、本能的な直感に突きうごかされるのだと。だから同情や共感が大きな役割を果たしている。ところが同時代にドイツで活躍した大哲学者イマヌエル・カントは、そんなもので人生を構築するのはまかりならぬと考えた。道徳的な感情は、さまざまな選択肢の長所・欠点を吟味しながら、合理的思考の産物としてあるべきだとカントは強く主張したのである。

一九世紀になると、カントの合理主義的な立場がぐんと優勢になる。それはジェレミー・ベンサムやジョン・スチュワート・ミルが唱えた功利論の後押しを受けたからだ。ベンサムやミルは、最大多数に最大幸福を生みだす行為こそが正しいものだと考えた——現在の立法制度のもとになっている考えかただ。その後の哲学者たちは、ヒュームとカントそれぞれの長所を論じながら世代を重ねてきたと言ってもいい。

しかし近年、神経心理学のめざましい進歩によって、スコットランド啓蒙主義に最終的な軍配があがろうとしている。私たちはいかにして道徳的な判断を下すのか——それを突きとめるために、これ以上ないくらいシンプルな実験を行なったのが、ヴァージニア大学のジョナサン・ハイトを中心とする研究チームだ。被験者を二つのグループに分けて、道徳的に首をかしげるような行動を評価させるだけなのだが、ひとつのグループは臭いトイレや乱雑な机のそばに座らせ、別のグループはもっと快適な環境に置いた。すると最初のグループのほうが、あとのグループのほうより評価が厳しくなった。そのときの感情に判断が左右されたのである。

道徳性の研究で使われる古典的な思考実験のひとつに「トロッコ問題」がある。あなたは線路を走るトロッコの運転手だ。ところがトロッコのコントロールがとつぜんきかなくなった。このまま進むと、線路にいる五人の作業員を轢きころしてしまう。しかし途中でポイントを切りかえて別の線路に入れば、その先にいる作業員はひとりだけだ。さあ、あなたはポイント切りかえのレバーを引くか？

この問いかけに、ほとんどの人はイエスと答える。五人が犠牲になるよりは、ひとりが死んでもやむなしと判断するのだ。これはカント哲学にもとづいた合理的な答えだろう。その背景には、最大多数に最大幸福をもたらす行動をすべしという功利主義がある。

では設定を変えて、あなたはトロッコに乗っているのではなく、線路を見おろす橋の上にいるとしよう。線路をトロッコが暴走してきて、このままでは五人の作業員が生命を落とすことになるのは同じ。ただしあなたの隣には大男がいて、こいつを線路に突きおとせば五人を救うことができる。この場合は、五人の生命と引きかえに男を犠牲にすることをよしとしない人がほとんどだ。ひとりが死んで五人が助かるという功利的な価値は同じなのだが。しかも、なぜこの場合はだめなのか理由を説明できる人はほとんどいない。おそらく、〔副次的な〕偶然性と〔直接的な〕意図性の微妙なちがいが分かれ目なのだろう。

意図の有無が大きな意味を持つことは、脳卒中で前頭葉を損傷した人で同様の思考実験をやるとよくわかる。彼らは大男を橋から突きおとすほうを選ぶのである。功利性第一の合理的な選択だ。前頭葉は、意図的な行動の評価を行なう場所だ。意図性の重要さは、ハーヴァード大学のマーク・ハウザーとMITのレベッカ・サックスが行なった研究で明らかになった。トロッコ問題のような道徳的ジレンマに直面した人は、意図性の評価に強くかかわる脳の領域（右耳のすぐうしろに位置する右側頭頭頂接合部など）がことのほか活発になった。他者の意図を了解し、評価できるからこそ、私たちは感情移入ができるのだ。

ジグソーパズルを完成させる最後のピースは、カリフォルニア工科大学で最新の脳画像技術を活用しているミン・シューの研究グループが見つけた。この研究では、ウガンダの飢えた子どもたちに食べ物を与えることに関して、被験者にさまざまな判断をさせ、そのときの脳の様子を調べた。効率重視で判断するとき、脳内の神経活動が盛んになるのは報酬に関係する領域（とくに被殻）だった。そうではなく不平等感に強く支配されているときは、規範が破られたときの感情と結びついている場所（島）が活発になった。さらには、どちらの領域でも神経活動が強くなればなるほど、被験者の行動は適切なものになったのである。道徳的な判断と、効率優先の功利主義的な判断は、脳の別のところで行なわれていて、同時に両方が働くとはかぎらないということだ。

やはりヒュームに軍配があがる、ということだろうか。

道徳と宗教の誕生

だが道徳心が共感（もしくは同情、あるいはその両方）の反映というだけならば、必要なのはせいぜい二次的な志向意識水準までで、それ以上のものを得ようとがんばることはない。つまり「きみが何かを感じている（きみが何かを正しいと信じている）」ことさえわかっていれば充分だ。しかしそれをよりどころとする道徳心はつねに不安定だ。なぜなら、許される行動の範囲があなたと私で異なる可能性があるから。ものを盗むことは悪ではないと私は思っているかもしれない。あなたから大切な宝物を盗み、あなたがそれで悲嘆にくれても共感はしないだろう。もちろん、あなたが悲しんでいることは認識しているし、その感情がどういうものか自分に置きかえて想像することもできる。でも盗む行為に問題があるとは思っていないので、何でもないことであなたが大騒ぎしているとしか受けとめない。たとえあなたに自分のものを盗まれても……お好きにどうぞ、なのだ。自分の所有物は守ろうとするだろうが、盗られたものはしかたがない。

そうではなく、もっと確固たる道徳観がほしいのであれば、もっと高い次元での正当化が必要だ。

民事法は集団の総意を遂行する優れたメカニズムだし、絶対不変な哲学的真理とか、至高の宗教的権威（神など）を信仰することも同じような役割を持つ。とくに信仰に関しては、その認知構造を分析していくと、私たちの志向意識水準がさまざまな角度から試されていることがわかる。信仰システムが何らかの力を持つためには、一段高いところであなたや私の望みを理解し、汲みあげてくれる存在がいると信じなくてはならない。このシステムが機能するには、最低でも四次志向意識水準まで設定することが不可欠だ。そのうえで、あちこち枝わかれしたところも含めてすべてを見渡し、まとめあげる五次志向意識水準の能力を持つ者が求められる。つまり宗教（および道徳体系）は、人間が生まれながらに対応できる社会的な認知能力のぎりぎり限界のところで勝負しているのだ。

このことは、サルや類人猿と人間の社会的認知のちがいに立ちかえるとよくわかる。人間は五次志向意識水準まで到達することが可能だが、類人猿は二次志向意識水準までが限界で、サルはどうあがいても一次志向意識水準から抜けだすことができない（自分がいま経験している以外の世界があることなど想像もつかない）。神々や精霊など、目には見えないけれど私たちの心を見すかし、この世を変えられる存在があるとは思いもしないのである。

このジグソーパズルで威力を発揮するのが、脳の構造に関するピースである。脳の新皮質と線条皮質（一次視覚野）の大きさを霊長類で比較してみると、両者は正比例の関係にないことがわかる。

大型類人猿やヒトでは、新皮質の大きさのわりに線条皮質が小さくなるのだ。おそらく視覚処理の第一段階（もっぱらパターン認識を行なう）は、一定のところまで発達したら、それ以上充実させる必要がなかったのだろう。それでも脳全体（少なくとも新皮質）は発達を続け、線条皮質より前側の領域（認識されたパターンに意味を付与するところ）ではたくさんニューロンが使えるようになった。この領域でとりわけ重要なのが前頭葉、それも高度な遂行機能を行なうところだ。脳の発達は後ろから前へと進んできた。霊長類になってからの脳は、前頭葉と側頭葉が突出して大きくなっている。そして大型類人猿の大きさになったところで、社会的な認知機能をつかさどる領域が広がったのである。その意味で大型類人猿の脳は、線条皮質以外の部位（とくに前頭皮質）がずばぬけて大きくなる境目だったとも言える。

そのあたりから、ヒト以外の動物で社会的な認知能力（つまり心の理論）が出現するわけだが、これは偶然でもなんでもない。サル、類人猿、ヒトが到達した志向意識水準のレベルと、それぞれの前頭葉の容量を並べたら、きれいに比例するはずだ。これもまた偶然ではない。

ヒトはなぜ道徳的な判断を下せるのか、なぜそれはヒトにしかできないのか——この疑問にも、そろそろ答えが見つかりそうだ。ヒトの脳の新皮質が劇的に増大したのは、ほかの霊長類よりずっと大きい集団で生きる必要があったからだろう。手ごわい外敵を相手にしなくてはならないし、遊牧生活にも対応しなくてはならなかった。ところが、もとは周囲の世界についての情報を処理したり、操作したりするためだった新皮質の能力が、ある一定レベルを超えたところで、自身の胸の内を見つめるためにも使われるようになった。前にも述べたように、大型類人猿はその一歩手前で立ちどまっているわけだ。もし彼らの脳が、限界を飛びこえてさらに大きな処理能力を得たならば、複雑に重なりあう関係を行きつ戻りつしながら、一対一のレベル（きみがやりたいことを私に察してくれときみは思っているんだな……）や、第三者をまじえたレベル（きみはこう言いたいんだろう？ジェームズは、アンドルーがこうしたいと思っているって……）で志向意識水準を発揮できるようになったはずだ。そうなったときにはじめて宗教が誕生し、宗教とも密接に結びついた道徳観念が生まれてくる。化石人類の頭骨を調べると、前頭葉が大きくなりはじめたのは人類の歴史のなかでもかなりあとのことだ。五〇万年前に古代型ホモ・サピエンスが出現したことと深い関係があるだろう。これに関しては次章でもあらためて触れる。その前に、ヒト以外の種にも道徳心があるのかということを、もう少し掘りさげよう。

類人猿にモラルはある？

いま生きているなかで私たち人間にいちばん近い親戚は、まぎれもなく大型類人猿だ。つい二〇年ほど前まで、類人猿は外見の特徴から大きく二系統に分かれるとされていた。ひとつは現生人類とその祖先、もうひとつは大型類人猿四種（チンパンジー二種、ゴリラ、オランウータン）である。ところが遺伝子解析が導入されたことで、この分類が実は的はずれであることが判明した。系統が二つあるのはいっしょだが、ひとつはアフリカ類人猿（ヒト、チンパンジー二種、ゴリラ）で、もうひとつはアジア類人猿（オランウータン）という分けかたになった。進化の枝わかれを調べるとき、外見はかならずしも正しい手がかりにならないようだ。この類人猿――あるいはアフリカ類人猿に限定してもいい――は、「道徳的な存在」（道徳観を持つ、あるいは道徳的な行動や態度がとれる）と呼んでよいのだろうか。

人はみな平等であると私たちは確信している。その理由のひとつは、共感能力から言語能力に至るまで、各種認知能力を全員が同じように持っているからだ。となると、ヒト以外の大型類人猿にもそうした特徴があるかどうかが問題になる。

ではまず、類人猿に言語はあるか？　彼らに言葉を教える試みは一九五〇年代からはじまったが、最初は惨憺たるものだった。もともと類人猿は発声器官が人間とちがうため、人間の言葉と同じ音を出すことがそもそもできない。それなのに英語を教えこもうとしたのだから、挫折しても無理はない。しかし話し言葉はひとまず脇にやって、手話に切りかえてからは成果が目に見えてあがりはじめた。これまでにチンパンジー数頭、ゴリラとオランウータン各一頭がアメリカン・サインランゲージ（ASL）を教わっている。また、言葉代わりの図形を用いてコンピュータのキーボードを操作させる方法は、ボノボとチンパンジー合わせて十数頭が挑戦している。

このなかでいちばんの成功例は、まちがいなくカンジという名のボノボだろう。話された英語文を理解し、キーボードで返答するカンジの天才ぶりはもはや伝説である。もちろんこのカンジにしても、ほかの類人猿にしても、あなたや私が使っているような言語を持っているわけではない。彼らの言語スキルは、人間でいうとせいぜい三、四歳児程度ということだ。

だが大事なことを忘れてはならない。言葉は目的を果たすための手段にすぎない。よくできた手段ではあるが、言葉自体は、あくまで個人から別の個人に知識を伝達するメカニズムでしかない。重要なのは言葉の根底に横たわる精神的な能力なのである。こうなるといよいよ、言葉の助けを借りることなく精神を掘りさげるという困難な問題と立ちむかうしかない。

そもそも私たちを人間たらしめているものは何なのか？　その答えを探っていくと、他者の心を理解できる能力にどうしてもたどりついてしまう。発達心理学の最近の研究によって、人間の子どもも生まれたときはその能力を持っていない（「心の理論」が獲得できていない）ことが明らかになっている。四歳ぐらいで急に出現するのだ。それまでは、自分が見たり聞いたりするのとは別の世界が存在することが理解できない。缶のなかのお菓子を誰かがこっそり食べたのを目撃したら、ほかのみんなもその事実を知っていると思う。しかし成長するにつれて、お菓子が食べられたことを知らない人もいるのだとわかってくる。

心の理論は、人間らしさを構成するすべてのものの入り口だ。文学作品が生まれるのも、宗教が出現するのも、科学を実践できるのも、すべて心の理論あればこそ。政治的なプロパガンダや広告は、他者の心の内側を理解すること、その中身に手を加えて行動を変えさせることが二本柱になっている。

心の理論は独特の能力であり、言葉それ自体も心の理論に支えられている。だがすべての人がこの能力を有しているわけではない。自閉症患者には心の理論が欠如している。というより、そのことが自閉症の決め手となる最大の特徴だ。だが自閉症患者は、それ以外の知的能力は正常だったりするし、ときにはずばぬけた能力を発揮することもある――映画『レインマン』でダスティン・ホフマンが演じたのは、数字に関しては超人的な記憶力を持つ自閉症患者だった。そのいっぽう、自閉症患者は人間関係を築くことが極端に苦手だ。他者の心情や考えに思いがいたらないので、人と人が接するときの微妙な反応が理解できないのである。

ここで浮上してくるのが、心の理論は人間にしかない能力なのかということ。イヌやネコが飼い主の心を見すかしたかのような賢いふるまいをすることがあるが、人間以外の動物が他者の考えや気持ちを読めるという明確な証拠はない。唯一の例外は大型類人猿だが、人間で言うならばせいぜい四歳児並みだ。その年齢だと、心の理論はまだ発達途上である。

しかしここで難問が立ちはだかる。私たちが道徳心を持ち、人間らしくいられるのは、心の理論をはじめとする特別な認知能力に支えられているからだ。そうした認知能力は、人間以外では大型類人猿も持っている（大型類人猿しか持っていないと言うべきか）。そのいっぽう、人間なら全員あるかというとそうではなく、幼児、自閉症患者、精神面で重いハンディキャップを持つ人はこの能力

が欠落している。大型類人猿とヒトのあいだにはむろん遺伝子的な隔たりがあるはずだが、では
いったい誰が道徳的な存在で、誰がそうではないのか?
自閉症患者が人間であることを疑う者はいないだろう。一歳児についても同じこと。もちろんすべての人権は両者に保障されてしかるべきだ。彼らがコミュニティの正当かつ対等な構成員であることを認めるのであれば(むろんそうすべきだ)、遺伝子的にはいささか離れるとはいえ、同じ認知能力を備えた種はどう扱えばいいのか。
ヒト以外の種に対して、その利益に配慮するのは私たちの義務だろう。でもだからといって、彼らも人間同様に道徳的な判断ができると考えるのはどうか——中世には実際にそんな例があった。一頭のブタが飼い主を突き殺したとして裁判にかけられ、有罪を宣告され、死刑に処せられたのだ。いまから見るとこっけいだが、私たちはそれだけ、ほかの動物に人間並みの能力を持たせたがるということだ。人間以外の種が道徳的な感覚を持つという有力な証拠はない。その意味では、私たち人間は唯一無二の存在かもしれない。道徳感覚を持つうえで不可欠な二次以上の志向意識水準は、人間にしかできない芸当なのだ。人間とは切っても切れない宗教に、高次の志向意識水準が求められるのも偶然ではないだろう。なるほど道徳規範も宗教上の信念と強く結びついている。ということで、次は宗教の話だ。

第18章　進化が神を発見した（宗教）

当時の記録によると、チャールズ・ダーウィンの進化論はヴィクトリア朝の人びとから大歓迎を受けたわけではなかった。進化論は聖書の世界創造譚をくつがえすものであり、さらに悪いことに、ほかの生き物とちがって人間は別格という主張も脅かしていたからだ。ダーウィンが賢明だったのは、宗教に関する意見を自分の胸にしまっておいたことだろう。先達の態度にならったのか、その後の進化生物学者も注意ぶかく神を避けてきた。そういう不穏な論争は社会学者や人類学者にまかせていたのである。

しかし数年前から、神というテーマがついに取りあげられ、くわしく論じられるようになってきた。そうなった直接のきっかけははっきりしないが、宗教も進化をめぐる謎のひとつという認識が広がったことが背景にあるだろう。人間はときとして、不可解な行動をとることがある。この先二度と会わない人のために力を尽くしたり、もっと不思議なのは、自分を押し殺してコミュニティの意向を優先させたりするのだ。信仰がからんでいるときは、とくにそうなる傾向が強い。人間は自尊心があるにもかかわらず、善だけでなく悪に対しても、また醜悪なものに対しても追従することがある。ヒヒやチンパンジーに自尊心はないが、彼らはけっしてそんなことはしない。

宗教の進化生物学的な意味

信仰心は実に厄介なものだ。ふだんの私たちは、自分の主張や意見がまっとうなものか多少は吟味している。ところが宗教がらみのことになると、物理法則に矛盾する逸話も頭から信じて疑わない。人類学者スコット・アトランとパスカル・ボイヤーが実験的な研究で示しているが、水の上を歩く、死者を生きかえらせる、壁を通りぬける、未来を予言したり変えたりするといった超自然的行為の話は、ことのほか信用されるのである。それでいて私たちは、神にも人間と同じ感情と心があると思っている。奇跡や、奇跡を起こす存在に対しては、世俗の超越と等身大の人間らしさの両方を求めてやまないのだ。

なぜ私たちは、証明など望むべくのない話を頭から信じてしまうのか? 偉大なる常識人である哲学者カール・ポッパーのように、これはもう科学で探究する問題ではないと割りきるのもありだろう。だがそれに安住するのではなく、あえて切りこむ試みが進化生物学の領域ではじまっている。宗教を信じることは人間の普遍的な行為であり、しかも犠牲や損失をともなうことがけっこう多い。人間の進化を考えるうえで、いつまでも添えもの扱いするわけにいかなくなってきたのだ。宗教的な行為は、ぱっと見には生物学的な見解と矛盾しまくっているように思われる。たとえば還元主義者に言わせると、私たちは利己的な遺伝子の乗りものにすぎないわけだが、宗教に帰依する者は見知らぬ者にほどこしを与え、自分の意志よりコミュニティの利益を優先し、果ては喜んで殉教までする。

進化生物学者の前に大きな壁が立ちはだかる。はたして宗教に機能的な利点はあるのだろうか。進化によって新たな特徴が出現したとき、研究者が知りたいのはその使い道だ。その特徴を備えたことで、個体がどれほど生きのこりに有利になり、自分の遺伝子を次世代に残せるのか。だが宗教に関しては、そのあたりがかならずしもはっきりしない。殉教とか、フランシスコ会の清貧思想などは進化面からすると明らかに不適応だ。そのため進化心理学や認知人類学の研究者のなかには、宗教は適応度を最大化するために発達した認知能力の副産物であって、それ自体に利点はないと結論づける者もいる。

一般的な用途のために進化した認知メカニズムに、宗教がおぶさっているという指摘は当たっているかもしれない。しかしだからといって、宗教的な行動は生物学的に何の機能も持たない、あるいは不適応だと決めつけるのはどうか。そもそもあれほど時間と費用が投じられてきた営みが――殉教のコストみたいな計算はしたくないが――、何かの副産物として出てきたとは考えられない。それを進化面の役割なし、ですませるのはあまりにおめでたい。人間はそこまで愚かではないはずだ。この問題に鼻をつっこみ、宗教不適応説をしたり顔で主張するのは、進化生物学者ではなく、認知科学者や心理学者たちだ。彼らの進化論理解は充分でないと言わざるを得ない。相手を選んで交尾し、子どもをつくるという個体の直接的な利益でしかものを考えていないのだ。

しかし社会性を持つ霊長類、とりわけ人間にとって、話はそれほど単純なものではない。生存や生殖において私たちが直面する問題は、社会とのかかわりを抜きにして（目的達成のために協力するなど）解決できないものが多い。しかもそうした社会的な解決策を実行するには、コミュニティをしっかりまとめるといった前段階の作業が不可欠だ。だから淘汰プロセスも多層的であることがとても重要になる。ただしこれを群淘汰とごっちゃにしてはいけない。集団の利益がすべてという群淘汰説は進化生物学者に忌みきらわれていて、触れてはならない話題になっている。そうではなく、個体の利益の一部は、集団レベルの機能を通じてもたらされると見るべきなのだ。これは群淘汰とはまったく異なる発想なのだが、広く認知されるようになったのはつい最近のことだ。

宗教には進化論的に重要な意味があり、利益がある。私を含む進化生物学者は、ようやくそのことに気がつきはじめた。それを具体的に探るために、まず宗教の起源から出発して、二つの根本的な疑問を考えることにしよう――なぜ信仰は普遍的なのか、それはいつはじまったのか？

進化における適応度という意味で、宗教には少なくとも四つの利点がある。第一に、霊的世界を仲介させつつも、私たちが理解してコントロールできるような形で宇宙を体系的に説明してくれる。未来をより正確に予測するためという意味では、原始的で欠陥だらけではあるが、一種の科学と呼ぶこともできるだろう。第二に、宗教は人生を過ごしやすくしてくれる。少なくとも、運命に翻弄されてもあきらめがつく。マルクスが「人民のアヘン」と呼んだゆえんである。第三に、宗教はある種の道徳規範を提供し、執行することで、社会秩序を保ってくれる。そして最後に、宗教は共同体への参加意識を持たせてくれる。

宗教が宇宙をつかさどる体系になっているというのはもっともらしい説明で、フロイトも支持していた。たしかに多くの宗教がめざすのは、不治の病を治したり、未来を予言する、あるいは未来を変えることだったりする。しかし世界をコントロールできると信じることと、実際にコントロールできることは別だ。人間ほど賢い生き物なら、それぐらいのことは容易にわかるはず。となると、宗教が展開するとんでもない主張を喜んで信じたがる理由にはならない。むしろ宇宙体系云々は、別の理由で宗教が誕生したあとに出てきた副産物ではないだろうか。宗教から形而上的な宇宙観を構築できるぐらい、人間の脳は大きかったということだ。

第二の「人民のアヘン」説はさらに説得力がある。実際のところ、宗教があるおかげで私たちは快適に生きることができる。社会学者による最近の調査でも、積極的に宗教を信じている人は、無宗教の人よりも満足度が高く、長生きで、心身の病気にかかりにくく、手術を受けても回復が早いことがわかっている。信仰心のない者には悲しい調査結果だが、宗教のいったい何が幸福をもたらすのかという疑問はある。これについてはあとで述べる。

第三と第四の説は、まとまりがあって協力的な集団に所属することで、個人がどんな恩恵を受けられるかという話だ。集団の構成員が同じ基準で行動するうえで、道徳規範が果たす役割は明確だ。だが今日の代表的な宗教は、官僚的な巨大組織による世界宗教運動とか、教会と国家の癒着といったことがからんでいる。そうした宗教が熱心に説き、推進している道徳規範からは、宗教の原初の姿を想像することが難しい。宗教研究者の誰もが認めることだが、いちばん最初の宗教は、伝統的な小さな社会に見られるシャーマニズムに近かったはずだ。シャーマンや呪医や巫女は特別な能力があるとされていたが、基本的に信仰は個人単位で行なわれていた。シャーマニズムは知の宗教というよりは情の宗教であり、行動規範を押しつけることよりも、個人の霊的体験を重視する。

私自身は、宗教のほんとうの利点――それはなぜ宗教が人を幸福・健康にするのかという理由でもあるが――は、第四の説にあると考える。宗教は社会をひとつにまとめる接着剤のようなものだと最初に提唱したのは、現代社会学の父とも呼ばれるエミール・デュルケームである。ただし彼は、なぜ、どのようにということまでは言及していない。それから一世紀以上たったいま、そのあたりの仕組みが少しだけわかってきた。宗教が社会のまとまりを良くするのは、一連の儀式を通じてエンドルフィンの分泌をうながしているからだ。脳内鎮痛剤であるエンドルフィンが分泌されるのは、そこそこの痛みが慢性的に続いているときだ。そして脳内にエンドルフィンが行きわたると、いわゆる「ハイ」な状態になる。

だから宗教儀式には、身体にある程度のストレスを強いるものが多いのだ。歌ったり踊ったり、えんえんと身体を揺らしたり跳びはねたり。数珠を繰るのも、ひざまずいたり蓮華坐を組んだりするのもそうだ。ときには自分をむち打つなどして、ほんとうに痛めつけることもある。それでも信者たちは幸福感に酔いしれている。彼らは毎週お祈りをすることで、ヤクを打っているようなものなのだ。そしてここが肝心なのだが、エンドルフィンには免疫システムが万全に機能するよう「チューンナップ」する働きがある。つまり信仰心が篤い人ほど健康になれるということだ。

もちろん、宗教だけがエンドルフィンを分泌させる手段ではない。ジョギングやウェイト・トレーニングといった運動をしてもエンドルフィンは放出される。ただ宗教にはそれ以上の効果がある。集団でいるときにエンドルフィンが分泌されると、効力が倍増するのである。とりわけ集団のほかの構成員に対して強い愛着が湧く。それが兄弟愛とか、共同体意識とかいったものだ。ひとりで身体を動かすだけではこうはいかない。

笑い、音楽、そして宗教

宗教の利点はこれで説明ができただろう。だがここで、なぜ宗教が必要なのかという疑問が湧いてくる。その答えを見つけようとすれば、霊長類の社会性の本質に立ちかえることになり、ひいてはダンバー数の話に戻ることになる。サルと類人猿が生きる世界は緊密な社会性が発揮されていて、おたがいに協力しながら集団レベルの利益を獲得する。霊長類の社会集団はほかの種とちがって、暗黙の社会契約で成りたっている。集団のまとまりを維持するためには、目先の個人的な要求は後回しにしなければならないのだ。自分の欲をごり押しするとほかのみんなから仲間はずれにされるので、敵から守ってもらうとか、食べ物の確保といった集団ならではの恩恵も受けられない。

こうした社会契約システムにつきものなのが、「ただ乗り」の存在である。社会生活のおいしいところだけ持っていって、自分は何のコストも負担しない。チャンスがあればただ乗りしたいと思うのは自然な感情だから、それに対抗するしっかりしたメカニズムが必要になる。サルと類人猿の場合は毛づくろいがそれに該当する。毛づくろいを通じて相手の信頼を得て、さらに提携関係へと発展させるのだ。くわしい仕組みはまだわかっていないが、やはりここでもエンドルフィンが重要な役割を果たしている。毛づくろいのときは、するほうもされるほうもエンドルフィンが分泌されているのだ。エンドルフィンでいい気持ちになると、集団の団結を強めることをやろうという気になる。

ただ毛づくろいは一対一で行なうため、時間がものすごくかかる。ヒトの場合、進化の過程のどこかで、毛づくろいでは追いつかない大きい集団で生活する必要が出てきた。しかも集団の規模が大きくなると、ただ乗りをもくろむやつがかならず出てくる。構成員の結束を強める別の方法を考えださなくてはならない。小さい集団であれば、うわさ話がその役目を果たすのではないかということはすでに指摘した。ただしうわさ話では毛づくろいのような身体的接触はないので、エンドルフィン分泌の引き金にならない。

では大規模集団で構成員にエンドルフィンを分泌させ、団結心をかきたてるにはどうすればいいか？　笑いや音楽も一定の役割を果たしたはずだが、人類進化の歴史の後半でとりわけ重要な貢献をしたのは宗教だろう。毛づくろいを補う三大メカニズムのひとつが宗教ということになる。笑い、音楽、宗教——この三つがあったからこそ、人類社会はここまで発展することができた。

ただこれだけは指摘しておこう。宗教の起源に関するこの説明が正しいとすれば、最初の宗教はとてもささやかな現象だったはずだ。シャーマニズムで行なわれているような、トランス状態になる踊り程度だったかもしれない。アフリカ南部のクン・サン族は、コミュニティ内の人間関係にほころびが生じると、音楽を鳴らし、単調な踊りをひたすら反復してトランス状態をつくりだす。多くの宗教が実践しているように、詠唱や断食でも似たような精神状態になる。頭のなかに目もくらむ閃光が走り、魂が神とひとつになって、精神が肉体から抜けでて別の（霊的）世界に入るのだ。集団でこうした体験をすれば、善意と愛がとめどもなくあふれでて、ただ乗りをやろうと思う者はいなくなり、人びとの結束はさぞや強くなったにちがいない。その結果、個人が生存し、生殖が成功する可能性も高くなったはずだ。

宗教は儀式だけで成りたつものではなく、信仰体系という重要な柱がある。ではなぜ宗教には儀式と信仰体系が必要なのか？　この疑問に私なりの答えを出すとしたらこうなる。エンドルフィン分泌によって集団の結束を強めるのが儀式のねらいだが、儀式は全員が参加しないと意味がない。そこで信仰体系の出番である。それは集団の顔ぶれが定期的にそろうためのアメとムチの役割を果たす。とはいえ神の本質や、神と自分たちの関係について掘りさげるには、かなり高度な認知能力を発達させる必要があったはずだ。ここまで来ると、もうほかの動物は太刀打ちできない。宗教の土台には、洗練された認知能力があった。このことは、「宗教はいつはじまったのか？」という疑問に答えを見つけるヒントになるだろう。

私たちの祖先が当初から宗教を持っていたわけではないだろうが、宗教的な性質を帯びた慣行は遠い昔からあったはずだ。では、それが宗教へと進化したのはいつなのか？　考古学者は長いあいだこのテーマに熱心に取りくんできた。しかし土器のかけらぐらいしか証拠がない状態で、宗教と宗教的慣行をどうやって区別すればよいのか？　考古学者は慎重な性格の人が多いし、適当な憶測をして痛い目にあった経験も数しれない。だから宗教が存在したと彼らが断定できるのは、副葬品といった明白な証拠がある場合にかぎられる。副葬品は、死後の世界が存在するという信念の現われだからだ。

意図的な埋葬が行なわれた最古の例は、二〇万年前のネアンデルタール人によるものだ。ただし、なぜそんな形で遺体を埋めたのかははっきりしない。副葬品こそが埋葬の証拠だとすれば、ぐっと時代が下って二万五〇〇〇年前になる。埋葬されたのは子どもで、場所は現在のポルトガルである。ロシアのウラディーミル郊外、スンギールでは、約二万二〇〇〇年前に手厚く二重埋葬された二人の子どもの骨が見つかっている。埋葬の手法からは洗練された宗教観がうかがえるから、原始的な習慣から長い時間をかけてそこまで発達していったと考えていいだろう。とはいえ具体的な証拠がない以上、この時代より前にさかのぼるのは難しい。

しかし、この問題を考える別の切り口もないではない。信仰心が芽ばえるためには、精神的にどんな素地が必要なのかということだ。「それが神のおぼしめしです」と言えるのは心の理論があればこそだが、それだけでは宗教にはならない。

三次志向意識水準まで発達すると、「神は私たちに正しくあれと望んでいる」という表現になる。これが個人レベルの信仰である。そこへ別の誰かを引きこもうと思ったら、相手の心理的な立場を意識して「神は私たちに正しくあれと望んでおられるのですよ」と語りかけなくてはならない。こうして四次志向意識水準に達したところで、宗教は社会的なものになる。ただこの段階では、相手はこちらの主張を聞きおけばよいだけで、それ以上のことは求められない。五次志向意識水準、つまり「神は私たちに正しくあれと望んでおられるのを、私たちは承知しているはずです」となると、相手がイエスと答えれば、すなわち信念を共有していることになる。ここではじめて宗教は共有されるのだ。相手も自分も神聖な力の存在を信じ、それにしたがって（強制されて）一定の行動をとるようになる。

宗教を共有するには五次志向意識水準までが不可欠なのだが、ほとんどの人にとって志向意識水準はそこまでが限界である。これもまた偶然ではない。人間の営みは、道具づくりにしても、複雑にからみあった社会で地雷を避けながら渡りあるくにしても、だいたい二次か三次の志向意識水準までで片がつく。さらに二段階上までの志向意識水準を編みだすのは、並みたいていの知的労力ではなかっただろう。進化はむだを嫌う。だから私たちに備わっているものには、かならずれっきとした存在理由がある。高度な志向意識水準を私たちが持っている理由として考えられるのは、いまのところ宗教しかない。そう考えると、信仰心の芽ばえについても答えが見えてくる。

すでに述べたように、志向意識水準のレベルは前頭葉の容量に比例する。とすると絶滅した祖先たちについても、頭骨から脳全体の大きさがわかれば、どこまで志向意識水準を持てたのか推測できるはずだ。

二〇〇万年前ころに登場したホモ・エレクトスは、三次志向意識水準まで発揮していたと考えられる。自分のいる世界について、個人レベルの信念や感想を持つことができたはずだ。四次志向意識水準が可能になったのは、五〇万年前の古代型ホモ・サピエンスからだろう。ただ五次志向意識水準になると、二〇万年前の現生人類の出現まで待たねばならない。これだけ早ければ、いまの人類がみんなこの特徴を持っていると判断してさしつかえないが、同時にいまの人類にしか持てない新しい特徴だとも言える。そしておもしろいことに、五〇万年前、二〇万年前という化石人類の二つの節目は、社会集団の規模が大きくふくらんだ時期と一致する。とくに二〇万年前には、それまで一二〇人程度だった集団の構成員が、現在と同じ一五〇人へと急速に増えていったのである。

最後にひとつだけ断りを入れておこう。いままで述べてきたことは、人類の——人類だけの——歴史のなかで、なぜ宗教が生まれ、発達していったかという説明である。むろん宗教側の言い分とは一致しない。宗教の起源については、神は歴史のなかでその瞬間を選んで、人間の前に姿を現わしたという主張もあるだろう。そのなかにも多少の真実が含まれているのかもしれないが、説得力があるとは思えない。なぜもっと早く、あるいはもっと遅くではないのか？　そしてなぜほかの動物ではなく、人間だったのか？　もし宗教に人智を超越した特別な何かがあるのなら、人間の認知能力がそれを支えられるぐらい発達したことや、集団規模が限界を突きぬけるには宗教も認知能力も必要だったことは、偶然と呼ぶにはあまりにできすぎている。宗教は個人レベルはもちろん、親密なグループでも何らかの意味がありそうだ。だが宗教がほんとうに威力を発揮するのは、きめ細かなコミュニティづくりにおいてである。おかしくなるのは、宗教の役割を国家が引きうけたり、宗教組織が巨大化しすぎたときだ。宗教の心理的な影響力はとても強く、どんなに合理的な思考の人も、宗教がからむと頑迷な暴徒に変貌する。昔から切れ者の政治家たちは、コミュニティを征服するために宗教のそんな心理メカニズムをうまく利用してきた。

やはりマルクスは正しかった。宗教は人民のアヘンという有名な言葉は、エンドルフィンの働きを考えるとまさに文字どおりの意味になる。本人はそこまで考えていなかっただろうが。そして同時に、宗教は小さな社会の接着剤と看破したデュルケームも正しかった。宗教はコミュニティの共通ルールにみんなを従わせるために発達し、脳内アヘンを分泌させる儀式という手段を活用した。歌ったり祈ったりして脳がエンドルフィンで満たされると、息が詰まる人間関係のうっぷんが晴れるし、自分も伝統的な小さなコミュニティの一員だと実感できる。だが宗教のいちばんの効果は認知面にあるのではないか——儀式の中身に疑問を抱かずにすむのはそのためだ。化学物質の単純なトリックにすぎないことなのに、深遠で謎に満ちた真理に到達したと思いこめることで、人間関係もまた簡単には割りきれない奥深いものになる。もともと単純だったプロセスも、進化がせっせと活用して磨きをかけることで、人間ならではの精緻をきわめた認知や行動へと発展していった。宗教もその一例と言えるかもしれない。となると進化はやはり驚異そのものだし、進化にまつわるさまざまなプロセスを見いだしたダーウィンは天才だったのだ。

第19章　頭を使って長生きしよう（健康・知性）

人間がいまあるのは、優れた知能のおかげだ。これは疑いようのない事実だろう。私たち人類は、すでに絶滅したものも含めて、あらゆる種のなかで最も成功している（ただし甲虫を勘定に入れなければの話。古今を通じた動物全種の二五パーセントほどは甲虫なのだ……）。それも積みあげてきた知識をもとに、問題を徹底的に追究する能力があればこそ。そうでなければ、私たちは地球のすべての大陸を征服し、万里の長城を建設し、ラジウムを発見することはなかっただろう。バッハのカンタータも、モーツァルトのオペラもなければ、月に着陸することもなく、インターネットも出現しなかった。優れた知能は、意外な形でさまざまな結果を私たちにもたらしてきた。それをいたずらに否定するべきではない。だから知能指数、つまりＩＱだって良いものなのだ。

ＩＱと健康と死の関係

あなたが一九二一年にスコットランドで生まれた人ならば、ＩＱと聞いてまず思いうかべるのは一九三二年六月一日の水曜日だろう。とくに大事件が起こったわけではない。サッカースタジアムを観客が埋めつくした決勝戦があったとか、ヘブリディーズ諸島が予想外の嵐で被害を受けたとか、エディンバラ西部にかかるフォース橋が落ちたとか、そういうわけではない。何ということのない初夏の一日だった。しかしこの日、あなたは学校で楽しい時間をすごすかわりに、地元の集会場みたいなところに行かされて知能テストを受けたはずだ。その後の人生の浮き沈みにまぎれて、当時の記憶はもうおぼろげかもしれないが、いまにして思えばそれは壮大な試みだった。知能テストの対象は、スコットランドで一九二一年に生まれた学童全員だったからだ。これは、ひとつの国の学校教育の実態を伝える完全でユニークな記録となった。

一九三二年のあの日、テストと格闘したあなたの努力は大いに報われている。この一斉知能テストから得られたデータは研究者にとって宝の山であり、そこから貴重な所見がいくつも得られている。とくに注目されるのは、ＩＱと健康と死の関係だ。一九二一年に生まれ、いまこの文章を読んでいるあなたは、きっといちばん賢い部類に入っていたにちがいない。知能と健康と死亡率の関係は昔から知られていたが、それはあくまで、社会的剥奪や教育機会の不足といった間接的な要因によるものとされていた。しかしエディンバラ大学のイアン・ディアリが行なった研究で、一一歳の時点でのＩＱと、八五歳の誕生日をお祝いできる可能性とのあいだには、もっと直接的な関係があることがわかった。

それを突きとめるのは簡単ではなかったはずだ。ディアリの研究チームは、過去の調査に参加した人のその後を追跡して、物故しているか存命かをたしかめた。過去の調査とは、アバディーン市民二八〇〇人を対象にしたもので、七〇代まで生きる可能性とＩＱとの関係がここではじめて示された。だがこれだけでは、社会的剥奪の影響とＩＱの影響を区別することができない。そのとき誰かが、一九七〇年代に行なわれた調査のことを思いだした。ペーズリーとレンフルーの在住者で、一九三二年にＩＱテストを受けた人を追跡したものだ。そこでは対象者の健康状態、雇用、社会的剥奪のレベルを中心に調査されていた。このペーズリー／レンフルー調査から、ディアリらは一九三二年にＩＱテストを受け、なおかつ七〇年代に中年期の健康診断を受けた男女、それぞれ五四九名と三七三名の所在をたしかめることができた。この人たちのその後四半世紀の生活状態は、国の記録を使って追跡できる。

ＩＱの平均値は一〇〇で、八五～一一五までの範囲に全体の三分の二の人がおさまる。ディアリが一九三二年のＩＱ一斉テストのデータを分析したところ、社会階層と社会的剥奪のレベルを統計的に処理すると、一一歳時点でのＩＱが一ポイント下がるごとに、七七歳までに死ぬ可能性が一パーセント高くなることがわかった。正常とされる範囲内でも、たとえばＩＱ＝八五の人が七七歳の誕生日をお祝いできる確率は、ＩＱ＝一〇〇の人より一五パーセント低くなるのだ。
社会階層が下の集団になると、その影響がさらに強くなる。経済的な困窮が健康を低下させることは衆知の事実だ。しかしディアリの分析で明らかになったのは、社会的剥奪、教育的剥奪、経済的剥奪の三条件はそれぞれ単独でも多少の影響があるとはいえ、全部がそろわないと、ＩＱと死亡可能性の関係はできあがらないということだ。両者の関係はもっと有機的なものであるにちがいない。

これに関してよく言われるのは、ＩＱは発達段階初期の指標ではないかということだ。「生物としての完成度」、すなわち身体のすべてのシステムが順調にできあがり、効率よく機能しているかを測るものさしがＩＱだというのである。胎児期の成長のしかたが、成人してから心臓疾患にかかる危険性や、心臓発作で死ぬリスクを左右することはすでに知られている。どんな胎児期を送ったかは、生まれたときの体重にも影響する。そして出生時体重が少なかった子どもは、学校の成績、ひいてはＩＱもふるわないのだ。

何て不公平な世の中

映画『ビューティフル・マインド』は、ナッシュ均衡を発見し、一九九四年にノーベル経済学賞を受賞した天才ジョン・ナッシュを描いたものだ。ただしこのタイトルからは、ビューティフルな頭脳の持ち主が、肉体もビューティフルかどうかまではわからない。いや、ナッシュを演じたラッセル・クロウがどうというのではないが。私の経験では、学生のときいっしょだったガリ勉たちが、みんなダサくて、カッコ悪くて、みっともなかったかというと、そうでもない。立派な身体つきの者もたくさんいたし、スポーツができるやつもいた。

これはたわいのない話のようだが、実はけっこう重要な意味がある。エディンバラ大学の心理学者ティム・ベイツが二五〇人以上を対象に調べたところ、IQと身体の対称性（指、手、耳の長さで比較した）には、小さいが無視できない関係があることがわかった。対称性は私たちが美しさを感じる要素のひとつだ。つまり美しい人は概して知能が高いと言える。もちろん現実にはほかにさまざまな要因も働くわけだが。

さらにここから派生的な結論も導きだされる。身長が高い人ほど社会的、経済的に成功するというのはまぎれもない事実だ――ウォール街でもイギリスの金融市場でも、背が高い人ほど、同じ仕事でも金を多く稼いでいる。同様のことがIQでも当てはまりそうだ。実際、IQと社会的成功の相関関係を示す研究がいくつか発表されている。ある研究は、アメリカのベビーブーム世代、正確には一九五七～六四年生まれの人を長期的に追跡した。この年代は、第二次世界大戦後にやってきた出産ラッシュの末期に相当する。この研究では、IQが一ポイント高くなるごとに、年収は二三四～六一六ドル増えるという結果が出た（それがかならずしも生活の豊かさを反映しているわけではないが）。別の研究でも同様だったが、ここでは両親の社会的・経済的地位の影響もあることがわかった。親は慎重に選んだほうがいいということだが、もしそこで失敗しても、おつむのできさえ良ければ自力ではいあがることは可能である。

傷口に塩を塗りこむような話で申し訳ないが、美しい人は裕福になれるだけでなく、子宝にも恵まれる。私がヴロツワフ大学のボグスワフ・パウウォフスキーと共同で、ポーランドの医療データベースを分析したところ、背の高い男性ほど既婚率が高く、子どもを持っている割合も多かった。これは進化的に適応度が高い、つまり種の遺伝子プールへの貢献度が高いことになる。私たちのあとにも、ニューカッスル大学のダニエル・ネトルがイギリスでの長期調査のデータから同じ結論を導きだした（この調査の対象者は、ネトルの分析時点で五〇代に入っていたので、生殖活動はほぼ終了したと見なしていい）。

背の高い男は魅力的だから、パートナーを見つけやすい。となると当然子どもをもうける可能性が高くなる――というのがこれまでの解釈だった。ところが最近、外見の美しさと生殖可能性の関係はそれだけではないことがわかってきた。キングズ・カレッジ・ロンドンのロス・アーデンらがアメリカの軍人を対象に行なった分析で、身体の対称性は精子の数および運動性と相関関係にあることが判明したのだ。美しい人はそれだけで子孫も多く残せる。世の中は何て不公平なんだ。

成功は成功から生まれる

オックスフォード大学のあるカレッジに伝わる話。一九六〇年代の学監は入学面接のとき、部屋に入ってきた志望者にいきなりラグビーボールを投げたという。ボールを受けそこねたらアウト。

すかさずドロップキックをしてごみ箱に入れたら、その場で奨学金の授与が決まる。もちろんこんな選考方法は、お高くとまったほかのカレッジからは苦々しく思われていた。

もっとまじめに選考するカレッジもあるなかで、そのカレッジは面汚しだったかというとそうではない。各種スポーツの大学別成績で言うならば、むしろ逆だった。さらに一九七〇年代に発表された教育達成度の長期調査で、立場は完全にひっくりかえった。ひとかどのことを成しとげる人物はメガネ・肥満のガリ勉タイプではなく、スポーツ万能で勉学優秀、そのうえ社交性もばつぐんというオールラウンド・プレーヤーであることがはっきりしたのだ。

この結果はある意味それほど意外でもない。成功は成功から生まれるものだからだ。それにしても、「健全なる身体には健全なる精神が宿る」といういにしえからのことわざは、あまりにもそのまんまの意味ではないか。もちろん、スポーツができるというだけで知能がずばぬけて高くなるわけではない。しかしスポーツに本格的に取りくんで猛練習に励むことと、学業成績の上昇を結びつけるものがひとつある。それが最近よく話題になる脳内麻薬、つまりエンドルフィンだ。

エンドルフィンは体内で生成される鎮痛剤である。身体がストレスにさらされると脳内に大量に放出され、組織損傷で生じる痛みをブロックしてくれる。そうすれば、けがをしたときも身体がある程度自由に動くので、外敵に捕まる危険が少なくなる。だがこの鎮痛剤は、頭脳活動とどんな関係があるのだろう？　その答えの鍵は、私たちが頭脳活動を「知的努力」としばしば言いかえるところにある。

天才は、何の苦労もなく優れた業績をあげることができる――人びとは昔もいまも、そう信じて疑わない。ルネ・デカルトは、この誤解を根づかせた犯人のひとりだ。ディレッタント気どりのデカルトは一日の大半をベッドのなかですごし、そこで優れた著作の構想を練った。T・E・ロレンス（アラビアのロレンスだ）は大学時代、オックスフォードのなかでも優秀なジーザス・カレッジに所属していたが、たった十数回講義に出席しただけであっさりトップクラスの成績をとった。

しかし私の印象では、この種の逸話は九七パーセントが誇張だ。天才たちは例外なく、陰で――大学図書館とかで――すさまじい努力をしている。ロレンスは中世十字軍の城跡に造詣が深く、パレスティナでの発掘に参加して独創的な論文を書いたほどだが、その膨大な知識にしても、神からの霊感で与えられたものではない。デカルトにしても、毎日ベッドでごろごろしているだけではなかったはずだ。優れた数学者がよくやるように、潜在意識で思索を深めていたのだろう。

ここでエンドルフィンが登場する。エンドルフィンの役割は、心身の消耗が引きおこす苦痛やストレスをやわらげることだ。たくさんの本を読み、難解な証明やうまくいかない実験について考えていると、眼精疲労や頭痛に襲われ、いらいらが募ってくる。でも生まれつきエンドルフィンがたくさん放出される幸運な人は、それを軽々と乗りこえていける。凡夫たちが力つきてあきらめたあとも、新鮮な心持ちのまま次に進めるのだ。

体内のエンドルフィン濃度を高めるには、日常的に激しい運動をするのもひとつの方法だ。もちろん運動すれば誰でも天才になれるわけではなく、記憶力とか論理的な思考の速さとか、ＩＱで測れるような知的能力の有無も関係してくる。ＩＱはその人の特徴を多面的に伝えるものだが、私たちはそのひとつを見すごしているのではないだろうか。それが忍耐力だ。どんなに優れた脳みそを持っていても、それを徹底的に使いこなす努力をしない人は成功しない。

ここでいくつも疑問が湧いてくる。大学の講義では、行列代数の証明に取りかかる前に、まずは一〇分間柔軟体操をやればいいのではないか？　湿原を歩いてフィールドワークを行なう生物学者は、一日じゅう机に向かっている英文学者の同僚よりも立派な業績をあげられる？　頭を酷使する職場では、脳内エンドルフィン濃度が高いことが採用の必須条件になるのでは？　就職面接では、やっているスポーツについて根掘り葉掘りたずねられるとか？　もしスポーツとは無縁です、と答えたらどうなる？

どうしても決めたかった就職先で採用されなくても、筆記試験が悪かったのかと気に病むことはない。きっと隣のやつのほうが筋肉がピクピクしていたせいだ。

このことは、子どもの教育を考えるときの参考にもなる。最近では、子どもにやらせたい活動のリストからスポーツがはずれることが多くなっている。それは「全員を一等賞にしなくては」という悪平等主義がはびこっているせいでもあり、訴訟ばやりの昨今、学校も地域も裁判ざたを極度に恐れているからでもある。だが運動能力と学業の関係がほんとうに成りたつとしたら、愚かで意地きたない少数意見のせいで、全員がつまらない目にあうのは賢明ではない。リスクをきちんと受けいれ、スポーツ活動中に事故が起こっても、すぐにいきりたったり、学校に乗りこんだりしないことが重要だ。人生はリスクだらけ。しかしそのリスクを引きうければ、はかりしれない恩恵がかならずついてくる。うまくいかなかったら誰かのせいにすればいい――世界の名だたる銀行が痛い目にあっているのは、この教訓を活かさなかったからだ。目先のことにとらわれて、リスクへの対処を正しく学べないのは、子どもたちにとって不幸としか言いようがない。

知識の喜び

知能が高いと何かと有利ではあるが、でもそれだけでは不充分だ。ＩＱがアインシュタイン並みというのは、たとえるなら最大級のコンピュータを持っているようなもの。それ自体すばらしいが、でもソフトウェアがなければただの箱だ。となると、やはり教育が鍵となる。生まれつきのＩＱだけでは、どこへも行くことができない。知の世界を掘りさげ、探究するための知識と技能を仕込む必要がある。ニュートンの有名な言葉を借りるなら、教育があるからこそ、私たちは過去という名の巨人の肩にのれるのだ。知識、とくに科学的な知識は過去からの積みあげにほかならない。

最も成功した教育実験のひとつは、スコットランドで宗教の名のもとで行なわれた――後年の科学と宗教の摩擦を考えると皮肉な話だが。小作人たちが聖書を自分で読めるようにしようというカルヴァン主義長老派の試みから、一九世紀初頭に世界でも指折りの優れた教育システムが生まれたのだ。すでに一八世紀末には、スコットランドの識字率は七〇パーセントに達していた。イングランドとウェールズはせいぜいその半分、ヨーロッパの残りの地域は言うにおよばずである。

一九世紀半ば、スコットランドの大学進学率はイングランドおよびウェールズの一〇倍以上も高かった。高等教育が上流階級の特権に近かったイングランドに対し、スコットランドの教育システムは平等主義であるところが大きな特長だった。だから小作人の息子でも、大地主や牧師の息子と同じように大学に進学するチャンスがあったのだ。スコットランド人にとって、教育はより良い生活へのパスポートだった。彼らはそのパスポートを携えて外国に赴き、行政、学術、産業といった分野で名を成して、世界中で大きな力をふるうようになったのだ。

もちろん悪い影響もあった。あまり知られていないことだが、この充実した教育システムのせいで、ハイランドおよび島嶼から多くの人口が流出することになったのだ。その規模は、同時代に行なわれた牧羊推進のための強制退去政策、いわゆるハイランド放逐に勝るとも劣らない。当時の人びとにとって、貧乏のどん底から抜けだすには国を出るしかなかった。教育を足がかりにして切りひらく生活は、故郷の地をはうような貧しさにくらべればはるかにバラ色の未来があった。

未来の夢のために教育に金を惜しまない姿勢は、社会の根底に旺盛な知的好奇心があることを意味している。スコットランドの国民的詩人、ロバート・バーンズの父親は、子どもたちの教育にそれは熱心だったという（そのおかげで、文学の世界は何と豊かになったことか！）。一八世紀後半のスコットランド啓蒙主義も、そうした教育的風土を背景に花開いたものだ。哲学者デヴィッド・ヒュームも、経済学者アダム・スミスも上流の出ではなかったものの、のちに不朽の名著を世に送りだしている。スコットランド啓蒙主義は、一九〜二〇世紀初頭までの科学、工学、文学の隆盛も後押ししている。細菌学者アレグザンダー・フレミング、詩人ウォルター・スコット、蒸気機関や鉄道橋をつくったスティーヴンソン父子といった人物がこの時代に活躍した。

私たちはいつのまにか、教育の目的を見うしなったのかもしれない。教育は精神を鍛え、探究心をかきたててくれるものなのに、そうした価値が評価されなくなっている。どうするべきか私には答えがないが、早く答えを見つけないと大変なことになるだろう。すでに私が実感していることだが、イギリスの大学の理科系専攻の志望者は、ここ一〇年ほど減るいっぽうだ。数年前に化学と生物学で調べてみたら、このままのペースで減ると、二〇三〇年には志望者がゼロになるという結果が出た。

だが私がほんとうに憂えているのはそこではない。科学にかぎらず、歴史学や政治学でも、その分野の専門的な知識を詰めこむだけが教育ではない。いかに考え、評価するか、証拠や反証をどう扱うか、先入観や偏見にとらわれることなく、客観的に問題をとらえるにはどうするか——その訓練を積ませるのが教育だ。それは銀行経営者から政治家、ジャーナリスト、地方公務員まで、すべての人が仕事をするうえで使う技術である。教育には、興味をかきたてることが不可欠だ。ところがいまは、小学校から大学までのどこかで、知識を掘りさげる興奮と喜びが失われてしまっている。

それをあとから悔やんでも後の祭りなのだ。

第20章　美しい科学（芸術）

ルネサンス的教養人

何年か前にBBCが行なった世論調査で、イギリス人の八〇パーセントは科学が重要だと考えているという結果が出た。心強いことだが、残り二〇パーセントは私たちのやっていることに偏見を抱いているわけだ。ほかの調査でもおおむね同様の数字になっていて、だいたい五〜二五パーセントの人が科学に対して否定的な見かたをしている。

こうした科学軽視派はいったいどんな人たちなのか？　彼らの存在ははたして問題になるのか。はっきり言って答えはイエス、しかも大問題だと私は思っている。全体のなかでは少数かもしれないが、彼らの社会的な立場を考えると、その影響は未来を左右することになりかねない。

科学軽視派の多くは、高学歴で専門職についている人たちだ。人文科学の学位を持っていて、教師や研究者もいれば、芸術家や文学者、さらに困ったことに政治家もいたりする。彼らが共通して抱く科学への反感は、科学者は非文化的できめこまかい感性に欠けるという評価から出発している。芸術にくらべて科学に割く予算が多いことも、そうした印象を強める結果になっている――長く受けつがれてきた文化遺産が、科学という味もそっけもないからくりに押しやられ、影が薄くなっているというのだ。

これではヴィクトリア朝文学に登場するいかれた科学者そのものではないか。自分の人生と引きかえにして世界征服をたくらむフランケンシュタイン博士とか、恐怖の二重人格者ジキル博士とかだ。音楽や詩から天文学、物理学まで幅広い教養を誇り、創意工夫にあふれる科学実験を考案したと思うと、美しいソネットを書きあげて高い評価を得たルネサンス的教養人はどこに行ったのか？

ひとつ言えるのは、現代のルネサンス的教養人はもう人文科学の世界に出現しないということだ。そのいっぽうで、隠れた才能を持つ科学者は枚挙にいとまがない（隠していない人もいるが）。科学者中の科学者であるアインシュタインからしてそうだ。数学者の多くがそうであるように、彼もまた音楽に造詣が深く、ヴァイオリンがうまかった。ユーディ・メニューインほどではなかったにしろ、有名オーケストラと一度ならず共演している。アインシュタインなんていかにもすぎる、と思われる向きには、一九世紀ロシアの作曲家アレクサンドル・ボロディンを紹介しよう。彼の作品は、当時としては最先端の作曲技法を駆使していることで有名だ。そんなボロディンの本職は化学者で、多大な研究業績を残している。

ロシアの化学者つながりで思いだすのは、もうひとりの偉大なる天才アレクサンドル・ソルジェニーツィンである。彼はロストフ大学で数学の学位を取得後、物理と化学を教えていたが、その後作家生活に入り、数々の小説で不朽の評価を確立した。こうなると、イギリスにはC・P・スノーがいるではないかという声が聞こえてきそうだ。スノーはケンブリッジ大学の物理学者であり、のちにはイギリス政府の顧問的な役職についた人物だが、そんな「逆境」をものともせず、一九四〇年代～五〇年代に小説家としての揺るぎない地位を確立した。

そこまで昔に戻らなくても、文学や芸術の分野に才能を発揮している優秀な科学者はたくさんいる。イギリス天文学界の重鎮パトリック・ムーアは木琴奏者としても一流で、この楽器のための曲も書いている。

文学系なら動物学者のジョン・トレハーンだろう。彼は歴史的伝記を二冊出版して好評を得たのち(そのうち一冊はアメリカの伝説的な二人組ギャング、ボニーとクライドを扱ったものだった)、小説も二冊手がけている。『危険な教区』は、一九二〇年代に起こった聖職者がらみの陰謀とスキャンダルを題材にしている。そして『ご冗談でしょう、ファインマンさん』で有名なリチャード・ファインマン。彼の文章はウィットに富んだ語り口で、ときに詩的ですらある——おっと忘れていた。彼はついでにノーベル物理学賞もとっている。SFの名作を世に送りだした科学者といえば、アイザック・アシモフやアーサー・C・クラークの名前があがるだろう。ロバート・ウィンストンは生物学者として精力的に研究活動をするかたわら、テレビのパーソナリティも務めている。彼は若いころ、科学の道をはずれて舞台演出家をやっていた時期があり、一九六九年のエディンバラ・フェスティバルで賞をとっている。

私自身のかぎられた交友関係だけでも、音楽団体で定期的に活動している科学者が六人は思いうかぶ。たとえば室内オーケストラに所属しているのが二人、古楽器アンサンブルがひとり。マドリガル・アンサンブルで歌っているひとりはクラリネットも吹くので、地元のジャズバンドによく助っ人に行く。そのほかに、画家もしくはイラストレーターとしてこづかいを稼ぐ者も三人いる（そのうちひとりはプロになった）。もちろん彼らは専門の研究活動も続けている。

この話題の最後は、二人の物理学者に飾ってもらうことにしよう。一九八七年、アメリカのミニマル・ミュージックの作曲家フィリップ・グラスの最新作『ザ・ライト』が初演された。オーケストラはクリーヴランド管弦楽団、指揮は音楽監督のクリストフ・フォン・ドホナーニ。この作品は、一〇〇年前に活躍した二人の物理学者、アルバート・マイケルソンとエドワード・モーリーに捧げられた。物理学をかじった者なら、マイケルソン・モーリーの実験を知らないはずがない。宇宙空間がエーテルで満たされていて、天体も光もそのなかを通るという従来の説を否定し、二〇年後のアインシュタインの相対性理論に道を開く画期的なものだった。芸術作品の題材にまでなるのだから、科学はけっして無味乾燥ではないのだ。

ルネサンス的教養人はいまも健在だ。ただし人文科学の研究室をのぞいてもお目にかかれない。彼らは理系学科の教室で、実験作業台に向かっているはずだ。

詩人もまた科学者である

私たちは詩人と科学を結びつけることはあまりない。しかし、偉大な詩人とただの語呂合わせ屋のちがいは、優れた科学者と凡庸な科学者のちがいと同じではないだろうか——それは鋭い観察眼と深い内省があるかどうかである。人間の文化は形を問わず、この二つに支えられていると言っていいだろう。たとえばスコットランドが生んだ最高の詩人、ロバート・バーンズ——余談ながら、二〇〇九年はバーンズの生誕二五〇周年だった。「貧しき農民詩人」として親しまれているバーンズだが、家庭教師ジョン・マードックから当時まだ芽ばえたばかりの科学の知識を授けられ、そこから多くのものを得たはずだ。マードックがもっと金になる仕事のために家庭教師をやめたあとは、父親が息子たちの教育を引きうけた。父親がエアー読書愛好会の支部から借りてきた、ウィリアム・デラムの『自然神学』や『天体神学』もバーンズに大きな影響を与えたにちがいない。バーンズは、教育があるとはいえ頭でっかちで常識はずれの聖職者たちに冷ややかな視線を送っていた。彼の詩にはこんな一節がある。

学校で習うややこしい言葉、あれはいったい何だ?

インク入れや腰かけまでラテン語で呼んだりして
おまえたちをつくったのは誠実なる自然なのだ
文法なんて何の役に立つ？
そんなことより鋤と鍬を手に持ちたまえ、
槌をふるいたまえ

要するに堅実な仕事について、土を耕したり、道路をつくったりしろということだ。バーンズはスコットランド啓蒙主義を代表する経済学者アダム・スミスや哲学者トマス・リードの功績に対しても容赦ない。

哲学者たちは論争に明けくれ、
切りきざんだギリシャ語やラテン語の山を築く
論理学の用語はすりきれ、
科学の深淵にはまって身動きもままならぬ
彼らが主張することは常識では了解ずみ
女房や織工連中も見て感じていること——

知の巨人たちが組みたてるご高説は、魚売りの女でも古い言いつたえを聞いて知っていることなのだ。

バーンズは天体の軌道とか、光の性質、金属の変性について思索をしていたわけではないが、人間の心理に関してはきらめくような観察眼を発揮している。物語詩の傑作『シャンタのタム』には、古今を通じて最も鋭敏な洞察が記されていると私は思っている。冒頭、タムは友人たちと大酒をかっくらっている。市場でのささやかな稼ぎも、みんな酒になってしまった。そのころタムの家では——

……むっつり不機嫌なおかみさんが待っている、
嵐を呼ぶ雲のように眉根を寄せて、
怒りを消さぬよう世話をしながら。

バーンズの自己都合で着色されているとはいえ、次のような描写はもう立派な科学的記述ではないか。

女たちを嘆かせてはいけない

気まぐれ男は少しもじっとしていないのだ！
自然の広がりで外を見るがいい、
自然の絶対の法則だって変わっていくのだ。

生殖の仕組みがそうなっている以上、哺乳類のオスはもともと一雄多雌だ――これは現代進化生物学の基本中の基本である。オスがメスを一匹だけ選ぶのは子育てに直接投資できる場合だけ。そのため哺乳類の単婚は、イヌの仲間を除くとむしろ例外中の例外だ。哺乳類の九五パーセントは一夫多妻なのである。

バーンズにとって不運だったのは、ヒトがその例外中の例外だということだろう。ヒトの場合、子育ては乳離れが終わればそこで終了というわけにはいかない。子どもを一人前にして社会に送りだす、一族の富を引きつがせるなどなど、父親の果たすべき役割もたくさんある。ただヒトの一夫一婦は、白鳥をはじめとする鳥類ほど完全に固定化しているわけではない。哺乳類とは対照的に、鳥類は九〇パーセントの種が単婚だ。バーンズもこう書いている。

ひなに囲まれてうずくまるツグミ
誠実な夫と苦労を分かちあう……

バーンズの名誉のために付けくわえておくが、近年の分子遺伝学の発達によって、強固な一雌一雄型だと思われていた鳥類のあいだでも、パートナー以外との交尾はけっこうふつうであることがわかってきた。それどころか、巣に並んだ卵の父親が全部ちがうオスということさえありうるのだ。メスが異なるオスの精子を体内に保存し、産卵時に適当な精子を選んで受精させることもできるのである。

バーンズの詩にはあっと驚く一節がいくつかあって、ここ一〇年ほどでやっと正しいことが証明された内容に言及する部分もある。たとえば第2章で紹介した、友人の数はどんなときも一定だという説。『J・ラプレイクへの書簡詩』のなかで、バーンズはそれとなくこう書いている。

さて、あなたは大勢の友人をお持ちかもしれないが、
ほんとうの友はひと握り
それでも、名簿がすでにいっぱいならば
私を入れていただくにはおよびません

もうひとつのほうはまさに衝撃的だ。ヒトとそれ以外の動物の本質的なちがいが明らかになったのは、つい一〇年ほど前のことである。それは、ヒトは一歩離れた視点から現実を眺め、未来のこと

を予測できるというものだ。動物にそんなことはできない。彼らはいま経験していることを受けとめるのがせいいっぱいで、それ以外の可能性があったとか、どうしてこうなったのかという想像まで頭がまわらない——この二つの疑問を持てるからこそ、科学と文学は成立する。『ネズミに寄せて』という詩の最終連は、まさにそのことを言いあてている。

> それでも私にくらべれば、おまえは恵まれている！
> おまえに触れてくるのはいまという時間だけ
> しかし悲しいかな、私が視線をうしろにやると
> 荒涼とした風景が広がっている！
> 前を向いても何も見えてはこないけれど、
> 恐ろしい予感が襲ってくるのだ！

ネズミはいまの世界をそのまま受けいれるが、人間は過去を思いかえしたり、未来を予測したりしては不安や恐怖を覚える。そういうことだ。

ラテン語は捨てられ、科学は下り坂に

一部の（ハイソな）学校にいまも残るラテン語とギリシャ語の科目は、とりあえず目の敵にする

のがかっこいいことになっている。科学エッセイの本にこういう話題はそぐわないかもしれないが、イギリスの大学入学資格をラテン語で受験した数少ない科学者のひとりとして、この場を借りて擁護させてもらいたい。

私はラテン語の言語としてのおもしろさや、不朽の西洋文明へと通じるラテン語文学の価値について論じるつもりはない――ラテン語の遺産が、英語だけでなく、西欧文化のかなりの部分をいろどっていることは事実だが。また「死んだ言葉」とされるラテン語だが、現在使われている単語にはラテン語起源のものがけっこうあり、意味を理解するうえでその知識が役に立つとか、そういう話をするのでもない。

ここではちょっとわき道にそれて、歴史家で話芸の名手、またオックスフォード大学モードリン・カレッジのフェローでもあったりしたA・J・P・テイラーの思い出話からさせてもらおう。私の通っていた田舎のグラマー・スクールの式典に招かれたテイラーは、授業で習うことなんかより、「ほんとうに」役に立つことを覚えなさいと助言して、教員たちを卒倒させた（出席者からはしのび笑いがもれた）。テイラーはやさしい叔父さんのような独特の口調でこう続けた。自分が覚えていちばん役に立ったのは、トルコの歴代スルタン全員の名前だったと。

私はスルタンの名前は覚えなかったが、八歳か九歳のときに一〇六六年以来のイングランド歴代君主は覚えさせられた。ご存じない読者のために紹介するが、とても簡単なものだ。

ウィリアム、ウィリアム、ヘンリー、スティーヴン
ヘンリー、リチャード、ジョン、ヘンリー3世
1世、2世、3世のエドワードにリチャード2世
ヘンリーは4、5、6世、お次はだあれ？
4世と5世のエドワードに悪者リチャード
ヘンリーが2人と少年エドワード
メアリー、エリザベス、見えっぱりのジェームズ
チャールズ、チャールズ、またもやジェームズ
ウィリアムとメアリー、アンナ・グロリア
ジョージが4人、ウィリアム、ヴィクトリア

いま私は確信をもって断言できる。記憶力の後押しがあったからこそ、私は知性を伸ばすことができたのだ。イングランド政治史をめぐる議論では全戦全勝だったことも付けくわえておくが。

私たちは誰でも、行動のかなりの部分を記憶に頼っている。直感に頼る思いつきだけでは、科学は前進しない。どんな研究分野であっても、重要なのは人文科学の世界で言うところの「学識」だ。もったいぶった言いかただが、要するに記憶力である。科学の進歩は、異なるできごとやものごと

を新しい方法で結びつけるところからはじまる。それは科学にかぎらず、あらゆる形の知識に言えることだ。世界のありさまを細部まで記憶にとどめる能力がなければ、いかなる天才といえども斬新な着想はできないだろう。数学者でさえ記憶力とは無縁ではいられない。問題解決の方法をいくつか用意して、そこからいちばん適切なものを選んでいくからだ。

神経解剖学の最新の研究成果も参考になるだろう。脳が発達していくとき、まずニューロンどうしが相手かまわず膨大な数の接続をつくる。しかし生まれてから数年のあいだに、自然淘汰にも似たプロセスで接続は刈りこまれていく。ほとんど使われない接続はすぐに消えていくが、何度も使う接続は強化され、効率も上がっていく。

そこであえて憶測するのだが、記憶力の発達には幼いときの丸暗記がけっこう重要な役割を果たしているのではないだろうか。それによってニューロン接続を強化するのだ。子どもたちにマザーグースなどの童謡を教えるのも、あながち無意味というわけではない。リズミカルな歌詞は口調が良いし、お話自体もおもしろいので覚えやすいのだ。

ここでラテン語に話が戻る。ラテン語は動詞の規則変化や不規則変化が複雑きわまりないし、人称や数などの変化もややこしい言語なので、昔からとにかく丸暗記するしかなかった。ただほかの言語や童謡とくらべて、ラテン語が頭脳を鍛える手段として優れているのは、構造が緻密で体系的だからだ（そのためローマ帝国が衰退したあとも、官僚機構では長いあいだラテン語が使われていた）。

ラテン語を学ぶことで、記憶力だけでなく、科学を探究するうえで必要な思考モードも身につく。これと正反対なのが英語だ。流動的で確固とした構造がなく、語彙数が膨大な英語は、文学表現にはうってつけである。

ヴィクトリア朝の教育でもあるまいし、意味もわからず機械的に知識を詰めこむことが良いと言っているのではない。しかし丸暗記には、知性を伸ばすうえで不可欠な効用がある。学校教育をもっと充実させ、おもしろくしようという努力は大いにけっこうだが、明らかに時代遅れに見える方法も捨てたものではない。外づらにだまされてはいけないのだ。

謝辞

本書のもとになったのは、週刊誌『ニュー・サイエンティスト』および日刊紙『スコッツマン』に書いたポピュラー・サイエンス系の記事（前者は一九九四〜二〇〇六年、後者は二〇〇五〜二〇〇八年まで）だ。それらを一冊にまとめるにあたって、私が心がけたことがある。行動、とくに人間の行動を進化面から探る研究は、一〇年ほど前から驚くべき成果を次々とあげている。その興奮とおもしろさを少しでも伝えたい――それが私のねらいだった。私は長年ポピュラー・サイエンスの記事を書くことに情熱を燃やしてきたが、その機会を与えてくれただけでなく、この本のために過去の記事を再録することを許可してくれた同誌・紙に感謝したい。また『オブザーバー』紙、『スコットランド・オン・サンデー』紙、『タイムズ・ハイアー・エデュケーション・サプリメント』、王立内科医協会（ロンドン）、チャールズ・パスターナク、ワンワールド・ブックス、フェイバー・アンド・フェイバーも、出版物を再利用する許諾を与えてくれた。そうした素材のほとんどは、本書のために大幅に編集などの手を加えている。

ちなみに『スコッツマン』に掲載された記事は、第1、3、4、10、11、12、14章に主に使われており、さらに第2、5、8、13、15、18、20章で中心的な役割を果たしている。『ニュー・サイエンティスト』の記事は、第6、15章にも登場するが、とくに第2、7、9、10、20章では多くの部分を占めている。『オブザーバー』に掲載された記事は第6章に、『スコットランド・オン・サンデー』の記事は第17章、『タイムズ・ハイアー・エデュケーション・サプリメント』の記事は第16章で大いに役だった。第12章の一部は『道徳の科学（The Science of Morality）』（二〇〇七、G. Walker編、ロンドン、王立内科医協会）に拠った。第2章の一部は『ヒューマン・ストーリー（The Human Story）』（二〇〇四、Faber and Faber）が初出であり、第16章では『私たちを人間たらしめるもの（What Makes Us Human）』（二〇〇七、Charles Pasternak編、オックスフォード、OneWorld Books）から引用している。

最後に私の代理人であるシーラ・エイブルマンと、フェイバーで編集を担当してくれたジュリアン・ルースに感謝する。

解説

長谷川眞理子

本書は、進化人類学者、進化心理学者として有名なロビン・ダンバーが、いくつかの科学雑誌などに書いた一般向けの評論をまとめたものである。人間の認知能力や社会性、言語、文化、性的魅力などについて、進化の視点から考察したエッセイ集だ。その意味で、『友達の数は何人?』という本書の題名は、本書が扱っている話題の広さからすれば狭すぎる。本書は、友達の数にとどまらず、私たちヒトの特性と現代社会との関係を、より広く扱っているからだ。私は、これは、現代の私たちの暮らしを理解する上できわめて重要な意味を持つと考えている。なぜなら……

人類学という学問には、生物としてのヒトの進化を探る自然人類学と、ヒトが持つさまざまな文化のあり方を描写して相互比較する文化人類学との、二つの流れがある。また、心理学は、ヒトと他の動物の双方において、個体が周囲の環境をどのように感知し、それらにどのように対応していくのかを扱う学問だ。しかし、どちらの学問も、現代の私たちのヒトとしての特性と、現代の社会との関係を明確に示してくれてはいない、と私は思うのだ。

つまり、人類学者や心理学者の多くは、専門領域でのさまざまな重要な課題に没頭しているのが普通であって、もっと広い意味で一般読者が知りたいと思うであろうことを解説せねばという問題意識を持ってはいないということだろう。しかし、ロビン・ダンバーは違う。

私がロビンと出会ったのは、もう何十年も前のことだ。私たちは両方とも、サルの行動観察から研究を始めた。私はニホンザルとチンパンジー、ロビンはゲラダヒヒである。二人とも自然人類学から出発し、人類進化を研究する一助として、人類が属する霊長類の行動研究から始めた。そして、途中で霊長類以外の哺乳類の研究もやってみた。面白いことに、それは二人とも有蹄類だった。そして、今思えば二人とも、ヒトの特殊性の根源を明かしたいという欲求にたどり着いたのだ。

人類進化を念頭において霊長類の行動を研究する霊長類学者はたくさんいるが、そこから、私たちヒトの特徴が何であり、なぜヒトだけがこんな文明を築いてこの地球を制覇するような力を得たのか、それを真剣に考え、考察を広げていこうとする学者はあまり多くない。私は、いつからかそんな妄想を抱いて格闘しているのだが、ロビンもそんな学者の一人なのである。

これまでのところで、ロビンの最大の功績は、いわゆるダンバー数というものを発見したことだろう。私たちが、相手に対する詳細な情報をもとに親密な関係を築ける人数は無限ではない。そんな社会関係に関する情報処理をしているのは脳であり、脳の中でも、哺乳類以降に進化した大脳新皮質だ。彼は、その新皮質が脳全体に占める割合と、その種が平均的に暮らす集団の大きさとの関係を、初めは多くの霊長類で、のちには霊長類以外の哺乳類も含めて調べてみた。そして、大脳新皮質の相対的大きさと、その種が日常的に暮らす集団の大きさとの間には、相関関係があることを発見したのである。

社会関係を理解するには、他個体について、その個体独自の性格や気質を知るだけでなく、その個体の社会的順位がどこにあるのか、他の誰とどのような社会関係を持っているのかなどを知らねばならない。一緒に暮らす個体の数が増えるほど、それらの情報はうなぎ登りに増えていく。だから、それらを処理する大脳新皮質も増えていく。霊長類でそのような関係があることを大前提とすると、進化的には、私たちヒトは、進化史上でいったい何人の人たちと暮らしてきたのだろうか？

その数はわからないが、ヒトの脳における大脳新皮質の割合は測定できる。そして、その値を先の関係に当てはめてみると、およそ一五〇人であると推定された。だから、私たちヒトが、あまり認知的に苦労せずに理解できる社会関係は、およそ一五〇人以内なのではないか、と推論されるのだ。

そこで、今度はその結果をもとに、実際にヒトの集団がどのように組織されているのかを調べることになる。ロビンは、ヒトの原初的な生業形態である狩猟採集民の集団が、だいたい一五〇人以内で動いていることを明らかにした。それから、現代社会の軍隊組織や宗教的団体の大きさ、クリスマスカードの送付先、携帯に登録されている人数などを調べて、確かに一五〇人という数字は、今でも意味があることを示した。

考察はさらに続き、ヒトの集団が集団としての結束を固める手法や、それが脳に対してどんな働きかけをするのかの探究に移る。同じ集団に属する「仲間」だという意識を強め、集団の結束を固めるのは、一緒に歌ったり踊ったりすること、一緒に飲み食いすること、物語を語りあうことなどであり、そうすると、脳内にエンドルフィンという物質が分泌されることでそれが達成されることがわかってきた。ここで、探究は、脳科学や内分泌学ともつながっていく。

ヒトは哺乳類の一種である。しかし、ヒトが特殊なのは、大きな集団を作り、みんなで協力しなければ暮らしていけないにもかかわらず、性的関係では、基本的に一人の男性と一人の女性との間に親密な絆があることだ。そんなペアは、どんな性的魅力に基づいて作られるのだろう？　しかし、そんなペアとは別に、さまざまな男女が共同作業をしているのだから、ペア外の性的関係も生じるだろう。自分自身を考えると、今のペア相手以外の個体に性的興味がないわけではない。が、自分のペアの相手が、他の個体に性的興味を持つのは困る。では、そのジレンマをどうするか？　あれやこれやがヒトの社会関係というものだ。それが、Part I と Part II で展開されている。

Part III は、私たちヒトと外的な環境との関係が話題だ。ヒトの集団間で肌の色の違いがあるのはなぜか、マンモスなどの大型哺乳類が、人類の拡散とともに絶滅してしまったのはなぜか、などの話である。これらの考察を踏まえ、第12章の一五九ページには、二〇一五年には、野生のオランウータンは絶滅してしまっているだろうと書かれている。しかし（幸いなことに！）、二〇二五年現在、野生のオランウータンはまだ存続している。

一八三五年にガラパゴス諸島を訪れたチャールズ・ダーウィンも、そこで出会ったゾウガメたちは、早晩絶滅してしまうだろうと予想した。が、ゾウガメたちは、細々ながら今でも存在している。私たちが、他の生物の絶滅に関して悲観的過ぎるのか、生物はもっとしたたかに存在し続けるものなのか。

第13章では、ネアンデルタール人と私たちヒトとの関係が取り上げられている。本書が出版されたのは二〇一〇年なので、その時点では、ネアンデルタール人と私たちヒトとの間には、遺伝的つながりはなかったということになっていた。ロビンはそのことにひどくがっかりしている。

しかし、まさに二〇一〇年の五月、スウェーデンの分子進化学者であるスヴァンテ・ペーボらが、ネアンデルタール人のゲノム解読に成功した。そして、詳細な分析の結果、私たちホモ・サピエンスの遺伝子の中には、ネアンデルタール人由来の遺伝子が混じっていることがわかったのだ！　つまり、サピエンスとネアンデルタールは混血していたのである。ペーボは、この研究業績をもとに、二〇二三年のノーベル賞を受賞した。この結果を知ったら、ロビンは飛び跳ねて喜んだに違いない。それを知ったあとであったなら、彼は本書にどんな文章を書いただろうか？　興味が尽きない。

さて、第14章の恐竜のＤＮＡの話である。これは明らかな誤りだと私は思う。恐竜たちが住んでいたのは少なくとも数千万年前のことだ。ＤＮＡは時とともに必ずや劣化して崩壊するので、数千万年前のＤＮＡを復元することは不可能である。原著論文を見ると、彼らの研究は、コラーゲンα1とα2という二つのタンパク質の解析に基づいている。それに基づいて、恐竜は鳥類と近縁だという結論に達したのだ。何千万年前にまでさかのぼってDNAが解析できれば、それこそ多くの疑問が解決するだろうが、そうはいかないのである。

次に、第14章で取り上げられている、ケネウィック人という古代のアメリカ人化石の話だ。二〇一〇年に刊行された本書では、ケネウィック人はヨーロッパ系かもしれないと書かれている。そんな議論が確かにあったが、二〇一五年に発表された論文によると、ケネウィック人のDNAは、現在のアメリカ先住民に近いということだ。ただし、現生のどの先住民部族とも、とくに近い関係は認められない。いずれにせよ、ベーリング海峡経由でアジア起源の人たちがアメリカに渡ったのが最初だろうという結論は変わらなかった。ヨーロッパ人が最初のアメリカ人ではなかったわけだ。

そして、ケネウィック人の人体化石は、結局のところ先住民たちに返還され、二〇一七年の二月一八日、コロンビア盆地の先住民の習慣にしたがって埋葬された。ケネウィック人の化石が発見され、ある程度の科学的調査が行われたあと、化石人骨は先住民に返還されて埋葬されたのだ。私個人は、これはとてもよい経過であったと思うのである。

最後のPart IVは、文化・倫理・宗教に関する考察である。ロビンは、近年、宗教の進化についての書物を刊行しているが、それは、おもにこの部分の考察を深めた結果である。宗教というものがなぜ現れたのか、それは単に、私たちの高度な認知能力の副産物ではなかった、という彼の考察は非常に興味深い。その集大成を知りたい人は、『宗教の起源――私たちにはなぜ〈神〉が必要だったのか』（白揚社、二〇二三年）を参照のこと。

ヒトの性的魅力とそれに伴う諸能力については、このパートでも、他のところでも何度か触れられている。二〇一〇年以前には、ヒトにおける性的魅力は、人間性の進化に関する話題の一つとして、しばしば取り上げられていた。しかし、最近では、LGBTQの存在の認識とその人々に対する配慮が広まり、あからさまな性的魅力についての研究は下火になってきている。

LGBTQの存在は無視されるべきではないし、ましてや、そのような人々の人権が蹂躙されることがあってはならない。しかし、細胞上に雄と雌という二つの性があるのは事実であり、それによって、雄個体、雌個体という典型的な二つが生まれるのも事実である。それをもとにさまざまな文化的ジェンダー概念も作られているのだ。本書では、まだそれらに関する深い考察はないと言っていいだろう。

ところで、これまでの性的魅力の分析によく登場していたのが、形質の対称性である。ヒトの顔もからだも、一見したところ左右対称である。動物の羽や四肢の作りも、たいていは左右対称だ。そこで、一九八〇年代から、個体が持つ形質の左右対称性の完璧さの度合いと、その個体の繁殖成功度との関係を調べる研究がさかんに行われた。それは、「対称性のゆらぎ：fluctuating asymmetry, FA」と呼ばれ、対称性が完璧であるほど繁殖成功度が高い、対称性のゆらぎの度合いは、繁殖成功度を測る指標となる、というような議論が多かった。ヒトでは、顔の対称性から乳房の対称性までが測定され、その指標と繁殖成功との関連が論じられ、対称であるほど性的魅力が高いことが示された。

対称であることは、本当に性的魅力の指標なのだろうか？　多くの人々の顔を重ね合わせて「標準顔」を作ると、個々の顔よりも対称になることがわかった。それは、個々の人々の顔は、それぞれランダムに対称性からずれているので、多くの人々の顔を合わせると、対称になるからである。多くの研究では、対称な顔ほど性的魅力が高いことが示された。

しかし、性的魅力とはまったく関係がない乳幼児においても、対称な顔の方が、そうではない顔よりも選ばれた、という実験結果が示されるにいたって、私には疑問が生じた。もしかして、対称な顔の造形が、「ヒトの顔」というものを認識するテンプレートなのではないか。その後、それをもとにして性的魅力が進化したのだとしたら、対称性は、繁殖成功度の高さを表す指標として進化したのではないかもしれない。その後の研究史を見ると、ＦＡは完全に性的魅力の研究の主流からははずれてしまったようだ。

こうして見ると、自然科学もヒトの営みであるので、興味を持たれる事実、研究対象として取り上げられる問題も、時代の変遷とともに変わっていくことがわかる。それはとくに、私たち自身に関する科学では顕著なのかもしれない。私たちが、私たち自身の何についてもっとも知りたいのか、その内容は時代とともに変わる、ということだろう。

しかし、時代を超えて知りたいと思われる興味もある。私たちヒトという生物は、いったいどんな生物であり、どんな限界と可能性を持っているのだろうか？　ヒトが地球上の生物の中で、こんなにも大きな力をもって地球環境を改変できるようになった、その力の根源は何なのだろう？　これらの疑問は、時代を超えて考えられる、ヒトに関する根源的な疑問である。本書では、これらの疑問の多くが考察されている。その答えが、ヒトの持つ知性であり、知性が生み出した文明がそれらを可能にしたのは確かだろう。しかし、ヒトの知性が生み出された根源は何なのか？　そんな知性は、どういう環境のもとで進化したのだろう？　知性というものに何があったから、この文明が築かれたのだろう？　疑問はまだまだ続く。

本書によって、多くの人々がそんな疑問に気付き、それらに興味を持ってくだされば幸いである。そして、そんな人々が、この社会を少しでもよりよいものにしていこうとし、そのために進化的知識が活用できると考えていただけるようになれば幸いである。

（はせがわ　まりこ・人類学者）

［著者］ロビン・ダンバー（Robin Dunbar）
進化心理学者。オックスフォード大学認知進化人類学研究所元所長。著書に、『ことばの起源――猿の毛づくろい、人のゴシップ』、『なぜ私たちは友だちをつくるのか――進化心理学から考える人類にとって一番重要な関係』（以上、青土社）、『宗教の起源――私たちにはなぜ〈神〉が必要だったのか』（白揚社）などがある。

［訳者］藤井留美（ふじい・るみ）
翻訳家。上智大学外国語学部卒。訳書にアラン・ピーズ＆バーバラ・ピーズ『話を聞かない男、地図が読めない女』（主婦の友社）、マイケル・S・ガザニガ『〈わたし〉はどこにあるのか』（紀伊國屋書店）、デイビッド・ウォレス・ウェルズ『地球に住めなくなる日』（NHK 出版）などがある。

友達の数は何人？
——ダンバー数とつながりの進化心理学

2025年3月14日　第1刷印刷
2025年3月28日　第1刷発行

著　者　　ロビン・ダンバー
訳　者　　藤井留美

発行者　　清水一人
発行所　　青土社
101-0051　東京都千代田区神田神保町1-29　市瀬ビル
電話　03-3291-9831（編集部）　03-3294-7829（営業部）
振替　00190-7-192955

装　幀　　大倉真一郎
印刷・製本　シナノ印刷
組　版　　フレックスアート

ISBN978-4-7917-7699-3 Printed in Japan